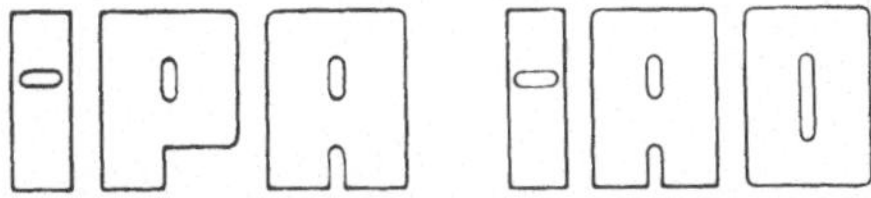

Forschung und Praxis

Band 146

Berichte aus dem
Fraunhofer-Institut für Produktionstechnik
und Automatisierung (IPA), Stuttgart,
Fraunhofer-Institut für Arbeitswirtschaft
und Organisation (IAO), Stuttgart, und
Institut für Industrielle Fertigung und
Fabrikbetrieb der Universität Stuttgart

Herausgeber: H. J. Warnecke und H.-J. Bullinger

Martin Domm

Kleinserienbestückung von Leiterplatten mit bedrahteten Bauelementen durch Industrieroboter

Mit 48 Abbildungen

Springer-Verlag Berlin Heidelberg GmbH 1990

Dipl.-Ing. Martin Domm
Fraunhofer-Institut für Produktionstechnik und Automatisierung (IPA), Stuttgart

Prof. Dr.-Ing. Dr. h. c. Dr.-Ing. E. h H. J. Warnecke
o. Professor an der Universität Stuttgart
Fraunhofer-Institut für Produktionstechnik und Automatisierung (IPA), Stuttgart

Prof. Dr.-Ing. habil. H.-J. Bullinger
o. Professor an der Universität Stuttgart
Fraunhofer-Institut für Arbeitswirtschaft und Organisation (IAO), Stuttgart

D 93

ISBN 978-3-540-52867-8   ISBN 978-3-662-08097-9 (eBook)
DOI 10.1007/978-3-662-08097-9

<u>Geleitwort der Herausgeber</u>

Futuristische Bilder werden heute entworfen:

o Roboter bauen Roboter,

o Breitbandinformationssysteme transferieren riesige Datenmengen in
  Sekunden um die ganze Welt.

Von der "menschenleeren Fabrik" wird da gesprochen und vom "papierlo-
sen Büro". Wörtlich genommen muß man beides als Utopie bezeichnen,
aber der Entwicklungstrend geht sicher zur "automatischen Fertigung"
und zum "rechnerunterstützten Büro". Forschung bedarf der Perspektive,
Forschung benötigt aber auch die Rückkopplung zur Praxis - insbeson-
dere im Bereich der Produktionstechnik und der Arbeitswissenschaft.

Für eine Industriegesellschaft hat die Produktionstechnik eine Schlüs-
selstellung. Mechanisierung und Automatisierung haben es uns in den
letzten Jahren erlaubt, die Produktivität unserer Wirtschaft ständig
zu verbessern. In der Vergangenheit stand dabei die Leistungssteigerung
einzelner Maschinen und Verfahren im Vordergrund. Heute wissen wir, daß
wir das Zusammenspiel der verschiedenen Unternehmensbereiche stärker
beachten müssen. In der Fertigung selbst konzipieren wir flexible Fer-
tigungssysteme, die viele verkettete Einzelmaschinen beinhalten. Dort,
wo es Produkt und Produktionsprogramm zulassen, denken wir intensiv
über die Verknüpfung von Konstruktion, Arbeitsvorbereitung, Fertigung
und Qualitätskontrolle nach. Rechnerunterstützte Informationssysteme
helfen dabei und sollen zum CIM (Computer Integrated Manufácturing)
führen und CAD (Computer Aided Design) und CAM (Computer Aided Manu-
facturing) vereinen. Auch die Büroarbeit wird neu durchdacht und mit
Hilfe vernetzter Computersysteme teilweise automatisiert und mit den
anderen Unternehmensfunktionen verbunden. Information ist zu einem
Produktionsfaktor geworden, und die Art und Weise, wie man damit umgeht,
wird mit über den Unternehmenserfolg entscheiden.

Der Erfolg in unseren Unternehmen hängt auch in der Zukunft entscheidend von den dort arbeitenden Menschen ab. Rationalisierung und Automatisierung müssen deshalb im Zusammenhang mit Fragen der Arbeitsgestal-
tung betrieben werden, unter Berücksichtigung der Bedürfnisse der Mitarbeiter und unter Beachtung der erforderlichen Qualifikationen. Investitionen in Maschinen und Anlagen müssen deshalb in der Produktion wie
im Büro durch Investitionen in die Qualifikation der Mitarbeiter be-
gleitet werden. Bereits im Planungsstadium müssen Technik, Organisation
und Soziales integrativ betrachtet und mit gleichrangigen Gestaltungs-
zielen belegt werden.

Von wissenschaftlicher Seite muß dieses Bemühen durch die Entwicklung
von Methoden und Vorgehensweisen zur systematischen Analyse und Ver-
besserung des Systems Produktionsbetrieb einschließlich der erforderlichen Dienstleistungsfunktionen unterstützt werden. Die Ingenieure
sind hier gefordert, in enger Zusammenarbeit mit anderen Disziplinen,
z. B. der Informatik, der Wirtschaftswissenschaften und der Arbeitswissenschaft, Lösungen zu erarbeiten, die den veränderten Randbedingungen
Rechnung tragen.

Beispielhaft sei hier an den großen Bereich der Informationsverarbei-
tung im Betrieb erinnert, der von der Angebotserstellung über Konstruktion und Arbeitsvorbereitung, bis hin zur Fertigungssteuerung und Qualitätskontrolle reicht. Beim Materialfluß geht es um die richtige Aus-

wahl und den Einsatz von Fördermitteln sowie Anordnung und Ausstattung
von Lagern. Große Aufmerksamkeit wird in nächster Zukunft auch der
weiteren Automatisierung der Handhabung von Werkstücken und Werkzeugen sowie der Montage von Produkten geschenkt werden.

Von der Forschung muß in diesem Zusammenhang ein Beitrag zum Einsatz
fortschrittlicher intelligenter Computersysteme erfolgen. Planungs-
prozesse müssen durch Softwaresysteme unterstützt und Arbeitsbedingun-
gen wissenschaftlich analysiert und neu gestaltet werden.

Die von den Herausgebern geleiteten Institute, das

- Institut für Industrielle Fertigung und Fabrikbetrieb der Universität
  Stuttgart (IFF),

- Fraunhofer-Institut für Produktionstechnik und Automatisierung (IPA),

- Fraunhofer-Institut für Arbeitswirtschaft und Organisation (IAO)

arbeiten in grundlegender und angewandter Forschung intensiv an den
oben aufgezeigten Entwicklungen mit. Die Ausstattung der Labors und
die Qualifikation der Mitarbeiter haben bereits in der Vergangenheit
zu Forschungsergebnissen geführt, die für die Praxis von großem
Wert waren. Zur Umsetzung gewonnener Erkenntnisse wird die Schriftenreihe "IPA-IAO - Forschung und Praxis" herausgegeben. Der vorliegende
Band setzt diese Reihe fort. Eine Übersicht über bisher erschienene
Titel wird am Schluß dieses Buches gegeben.

Dem Verfasser sei für die geleistete Arbeit gedankt, dem Springer-
Verlag für die Aufnahme dieser Schriftenreihe in seine Angebotspa-
lette und der Druckerei für saubere und zügige Ausführung. Möge das
Buch von der Fachwelt gut aufgenommen werden.

                                        H. J. Warnecke · H.-J. Bullinger

<u>Vorwort</u>

Die vorliegende Arbeit entstand während meiner Tätigkeit als wissenschaftlicher Mitarbeiter am Fraunhofer-Institut für Produktionstechnik und Automatisierung (IPA), Stuttgart.

Mein besonderer Dank gilt dem Leiter des Institutes, Herrn Prof. Dr.-Ing. Dr.h.c. Dr.-Ing.E.h. H.J. Warnecke, für seine großzügige Förderung, die entscheidend zur erfolgreichen Durchführung dieser Arbeit beigetragen hat.

Herrn Prof. Dr.-Ing. G. Pritschow danke ich für die Übernahme des Korreferats und die vielen wertvollen Hinweise, die sich daraus ergaben.

Die Arbeit soll meiner Frau Petra und meinen Kindern Matthias und Anne-Saskia gewidmet sein, die durch ihre Unterstützung, ihre Motivation und ihren Verzicht die Voraussetzung für das Gelingen der Arbeit geschaffen haben.

Aus dem großen Kreis der Kolleginnen und Kollegen des Institutes, die mich durch Ihre Mitarbeit und anregende Kritik unterstützt haben, möchte ich die Herren Prof. Dr.-Ing. R.-D. Schraft, Dr.-Ing. M. Schweizer, Dipl.-Ing. G. Fischer, Dr.-Ing. J. Schöninger, cand. el. R. Lohmiller, Dipl.-Ing. A. Dibon, Dipl.-Ing. (FH) S. Weingärtner, cand. phys. V. Özpamir, Dipl.-Ing. (FH) H. Bosch, Ing. grad. W. Häfner, cand. aer. O. Manojlović sowie Frau N.-J. Saam, M.A. besonders erwähnen.
Ihnen allen gilt mein besonderer Dank.

Stuttgart, im Mai 1990   Martin Domm

I N H A L T S V E R Z E I C H N I S

| 0 | | Abkürzungen und Formelzeichen |

<u>Großbuchstaben</u>

A/E	–	Ausgang/Eingang
BE	–	Bauelement
CAD	–	Computer Aided Design
CCD	–	Charge Coupled Device
CIM	–	Computer Integrated Manufacturing
D	mm	Lochdurchmesser der Leiterplatte
DIP	–	Dual Inline Package
DLZ	–	Durchlaufzeit
DNC	–	Direct Numeric Control
E	mm	Eintauchtiefe
F	–	Bauteilspender
FBG	–	Flachbaugruppe
FI	–	Fertigungsinsel
FL	–	Fertigungslinie
FM	–	Flachmagazin
FTS	–	Fahrerloses Transportsystem
GAD	–	Greifen an den Anschlußdrähten
IC	–	Integrated Circuit
IEC	–	International Electronical Commission
$L_{\emptyset min}$	–	Kennzahl für die durchschnittliche minimale Losgröße
$L_{U min}$	–	Kennzahl für die durchschnittliche minimale Losgröße bei vollständiger Neuaufrüstung zwischen den Losen
LAN	–	Local Area Network
LED	–	Light Emitting Diode
LP	–	Leiterplatte
Mio	–	Million
MS	–	Robotersteuerungsname der Fa. Adept Technology
MTM	–	Methods-Time Measurement
P	–	Prozentsatz der Verfügbarkeitsverminderung

PC	–	Personel Computer
R	mm	Rastermaß
ΔR_T	mm	Rastermaßtoleranz
ΔR_{TK}	mm	Rastermaßtoleranz im gekippten Zustand
SCARA	–	Selective Compliance Assembly Robot Arm
SG	–	schwimmender Greifer
SM	–	Stangenmagazin
SMD	–	Surface Mounted Device
SPS	–	Speicherprogrammierbare Steuerung
Tg.	–	Tag
V	–	Vibratortopf
X, Y, Z	–	Roboterachsen
ZD	–	Zuschießen durch Druckluftschlauch

Kleinbuchstaben

a	–	Jahr
b	mm	Länge eines Anschlußdrahtes
d	mm	Durchmesser eines Anschlußdrahtes
$g_{\ddot{U}}$	–	prozentualer Überdeckungsgrad des Bauelelement spektrums von Flachbaugruppe zu Flachbaugruppe
g_D	–	prozentualer Überdeckungsgrad zwischen dem festaufgerüsteten Bauelementspektrum und dem Bauelementspektrum der Leiterplatten
k.a.	–	keine Angabe
max.	–	maximal
n_B	–	Anzahl der Bauelementbereitstellungen
n_{BL}	–	Anzahl der Bauelemente pro Flachbaugruppe
n_{Bmin}	–	minimale Anzahl bestückter Bauelemente vor Umrüstung des Bauelementtyps
$n_{\emptyset Bmin}$	–	durchschnittliche minimale Anzahl bestückter Bauelemente vor Umrüstung des Bauelementtyps
n_{BVL}	–	Anzahl der Bauelementtypen pro Flachbaugruppe
o.	–	ohne
p.a.	–	pro Jahr

t_{UM}	s	Umrüstzeit pro Magazin
t_B	s	Bestücktaktzeit
t_{UL}	s	Wechselzeit pro Leiterplatte (anteilig pro Bauelement)
t_{UV}	s	Umrüstzeit pro Leiterplattentyp (anteilig pro Bauelement)
x, y, z	mm	x-, y-, z-Richtung

Griechische Buchstaben

α_k	°	Kippwinkel des Bestückgreifers
α_{T1}	°	Toleranzwinkel des ersten Anschlußdrahtes
$\Delta\alpha_{T1}$	°	Toleranzausgleichswinkel des ersten Anschlußdrahtes
α_{T2}	°	Toleranzwinkel des zweiten Anschlußdrahtes
β	°	Winkel zwischen der räumlichen Diagonalen der Anschlußdrahtenden und dem Lochraster der Leiterplatte

Einheiten

N	Newton
mm	Millimeter
nm	Nanometer
s	Sekunde
μm	tausendstel Millimeter

1   Einleitung

1.1   Problemstellung

Die Branche Elektrotechnik zeichnet sich im Vergleich zu anderen Branchen durch einen hohen Anteil der Montagekosten an den Herstellkosten ihrer Produkte aus. In einer branchenübergreifenden Studie zur Untersuchung von Einsatzmöglichkeiten von flexibel automatisierten Montagesystemen /1/ wird dieser Anteil mit 28 % angegeben. Mit etwa 20 % weist die Branche auch das höchste Einsparungspotential durch Automatisierung auf /2/.

Eine Sonderstellung nimmt dabei die Leiterplattenbestückung ein. Sie ist besonders arbeitsintensiv und beinhaltet sehr viele Montagevorgänge aufgrund der hohen Teilezahl. Dies führt zu hohen Fehlerraten bei der manuellen Bestückung.

Die Leiterplattenbestückung ist gekennzeichnet durch kurze Zykluszeiten von 5 bis 9 s pro Bauelement /3/ und durch einseitig dynamische Arbeit des Finger-Hand-Systems /1/.

In den letzten Jahren wurde durch den Einsatz von Bestückautomaten für Standardbauelemente ein hoher Automatisierungsgrad erreicht /4/. Aufgrund der hohen Ausbringung und der geringen Flexibilität sind konventionelle Bestückautomaten jedoch für Standardbauelemente mit geringen Jahresstückzahlen und für Sonderbauelemente nicht geeignet.

Die Automatisierung der Sonderbauelementbestückung in Großserien ist durch den Einsatz von Industrierobotern in den letzten Jahren vorangetrieben worden /5/.

Der Bereich, der weiterhin manuell bestückt wird, ist der Bereich kleiner Serien, die aufgrund ihrer Typen und Variantenvielfalt an Bauelementen und Leiterplatten sowohl informationstechnisch als auch mechanisch viel zu hohe Rüstzeiten erfordern.

Es fehlen preiswerte universell einsetzbare Bereitstellungssysteme für eine große Anzahl von unterschiedlichen Bauelementen, Verfahren zum häufigen Umrüsten der Bestücksysteme auf neue Bauteilspektren und flexible taktzeitoptimierte Methoden zum Bestücken von toleranzbehafteten Bauelementen.

Zusätzlich fehlt es an Softwarewerkzeugen, die es ermöglichen, Bestückungsprogramme an häufig sich ändernde Rüstzustände und Leiterplattentypen anzupassen, ohne daß die zentrale Programmverwaltung überlastet wird und lange Zugriffszeiten auf einzelne Programme in Kauf genommen werden müssen.

1.2 Zielsetzung

Es ist Ziel dieser Arbeit Konzepte und Verfahren für Industrieroboter zu entwickeln, die es ermöglichen Kleinserien bis zu Einzelanfertigungen bestückter Leiterplatten, im folgenden Flachbaugruppen genannt, ohne manuelle Umrüstung flexibel automatisch herzustellen.

Dem Anwender sollen Möglichkeiten, Wege und Trends aufgezeigt werden, wie Bereiche, die bisher als wirtschaftlich nicht automatisierbar galten, durch den Einsatz von Sensorsystemen in Verbindung mit intelligenter Software und die dadurch reduzierbaren Kosten für unflexible Mechanisierung rationalisiert werden können. Für den Anwender soll die Wahl des Konzeptes, das auf sein Produkt- und Bauteilspektrum zugeschnitten ist, ermöglicht werden.

Um eine Basis für die rasche Umsetzung der theoretischen Erkenntnisse aufzubauen, soll eine Versuchsanlage zur Erprobung der Konzepte und Verfahren realisiert werden.

1.3   <u>Vorgehensweise</u>

Die Montageaufgabe "Bestücken von Leiterplatten in kleinen
Serien" wird anhand der Produktspektren repräsentativer
Firmen systematisch analysiert und Anforderungen an flexible Bestücksysteme abgeleitet. Dies schließt die Betrach-
tung des Standes der Technik und notwendige Begriffsbestim-
mungen ein.
Ausgehend von den Anforderungen werden Konzepte für alternative Teil- und Gesamtsysteme entwickelt. Um häufig wechselnde Bauelementspektren zu bestücken, müssen universell
einsetzbare leicht umrüstbare Teilebereitstellungssysteme
entwickelt werden. Bekannte Fügeverfahren werden auf die
erforderliche Flexibilität hin untersucht und - wo es möglich oder notwendig ist - durch neuentwickelte flexiblere
Lösungen ersetzt.
Zur Realisierung einer Zelle als Versuchsträger ist die
Entwicklung entsprechender Werkzeuge und Peripheriekompo-
nenten erforderlich, da hier nicht auf marktgängige Systeme
zurückgegriffen werden kann. Mit der realisierten Versuchsanlage werden ausgewählte Verfahren und Konzepte erprobt
und die Möglichkeiten und Grenzen an unterschiedlichen Produktspektren aufgezeigt.

2   Stand der Technik

2.1   Bestückautomaten

Ein Automat wird nach DIN sinngemäß definiert als ein
künstliches System, das selbsttätig ein Programm befolgt.
Auf Grund dieses Programms trifft das System gegebenenfalls
Entscheidungen, die auf der Verknüpfung von Eingaben mit
den jeweiligen Zuständen des Systems beruhen und Ausgaben
zur Folge haben. Häufig wird die Benennung Automat durch
die Angabe des Zwecks ergänzt /6/.
Bestückautomaten sind Maschinen, die nach einem Programm
ohne zusätzliche mechanische Eingriffe bestimmte meist
genormte Typen von Bauelementen aus standardisierten
Bereitstellungen auf Leiterplatten bestücken können. Man
unterscheidet nach den Typen der zu bestückenden Bauelemente zwischen

- axialen Bestückautomaten
- radialen Bestückautomaten
- DIP-Bestückautomaten   (Dual Inline Package)
- SMD-Bestückautomaten   (Surface Mounted Device)

Die ersten Bestückautomaten wurden Mitte der 60er Jahre in
der Elektronikproduktion eingesetzt, und Automaten dieser
Art haben bis heute eine hohe Verfügbarkeit, hohe Bestückraten und damit eine weite Verbreitung bei der Bestückung
von Leiterplatten gefunden. Durch hohe Investitionskosten
wird jedoch eine Wirtschaftlichkeit nur bei hoher Ausla-
stung der Maschinen erreicht. Die Bestückraten dieser Maschinen reichen von 2000 bis 30000 Bauelementen pro Stunde
und sie verfügen über 20 bis 160, in Ausnahmefällen (optio-
nal) bis zu 360 Bauelementzuführungen /7/.
Bild 2.1 zeigt die Produktionsdaten der wichtigsten Bestückmaschinen im Überblick.

Produktionsdaten Bestückmaschinen	Bauelement-typ	Anzahl Zuführungen	Bereitstel-lungsarten	Rastermaß	Bestückrate	autom. Leiter-plattenhand.	CAD/CAM Kopp. vorber.
Amistar AI-6448	axial	136	Gurt	7.62-20.32	9600	nein	nein
Amistar CI-1800/CI-1200	IC/Sockel	64/32	Stangenm.	–	3600	nein	nein
Amistar CI-3000	IC/Sockel	158	Stangenm.	–	3200	nein	nein
Contact Systems CS-302-3	IC	60	Stangenm.	2.54	2000	nein	nein
DYNAPERT Accusert	axial	30 (360)	Gurt	7.62-20.32	15000	nein	ja
DYNAPERT DIP-G	IC	90	Stangenm.	–	5000	nein	nein
DYNAPERT HPDI-II	DIP	105/77	Stangenm.	–	4800	nein	ja
DYNAPERT Intellisert	axial	Sequenzer	Gurt	7.62-33.02	12000	nein	nein
DYNAPERT VCD-G	axial	Sequenzer	Gurt	7.62-33.02	32000	nein	ja
Fuji BA 8336/8360	axial/radial	36/60	Gurt	2.5-15	5400	nein	ja
Fuji BA 8536/8560	axial/radial	36/60	Gurt	2.5-15	5400	nein	ja
Panasonic Panasert AV	axial	50	Gurt	5-26	7500	ja	nein
Panasonic Panasert D2C	DIP	80	Stangenm.	7.62;15.24	4500	ja	nein
Panasonic Panasert RH/RH6	radial	40/62	Gurt	2.5;5	6000	ja	nein
Panasonic Panasert RT	radial	40	Gurt	2.5;5	6000	ja	nein
TDK AVISERT VC-5240AR..5220AR	axial/radial	40-120	Gurt	2.54;5.08	7350	ja	ja
UNIVERSEL 6241B	axial	20 (160)	Gurt	7.62-21.59	15000	nein	ja
UNIVERSAL 6287A	axial	Sequenzer	Gurt	7.62-33.02	15000	nein	ja
UNIVERSAL 6295A/6296A	axial	Sequenzer	Gurt	7.62-33.02	30000	nein	ja
UNIVERSAL 6346A/6348A	radial	20-80	Gurt	5	7000	nein	ja
UNIVERSAL 6772A	DIP/Sockel	70	Stangenm.	–	4800	nein	ja
UNIVERSAL 6796	DIP	72	Stangenm.	–	4000	nein	ja

Bild 2.1: Produktionsdaten von Bestückmaschinen /7/

2.2 Bestückroboter

"Industrieroboter sind universell einsetzbare Automaten mit
mehreren Achsen, deren Bewegungsmöglichkeiten im allgemeinen durch einen oder mehrere Arme realisiert werden und die
am Ende mit weiteren Gelenken (Nebenachsen) ausgerüstet
sein können. Ihre Bewegungen müssen hinsichtlich Bewegungs-
folge, Wegen und Winkeln ohne mechanischen Eingriff in die
Steuerung programmierbar sein; sie können sensorgeführt
sein. Industrieroboter sind mit Greifern, Werkzeugen, Meß-
mitteln oder anderen Fertigungsmitteln ausrüstbar und kön-

nen Handhabungs- und/oder andere Fertigungsaufgaben durch-
führen" /8/.
Wolf definiert in /5/: Industrieroboter, die den Mindestan-
forderungen für das Bestücken genügen (in x- und y-Richtung
mit einer Wiederholgenauigkeit von mindestens $\pm$ 0,1 mm programmierbar, vier Freiheitsgrade) werden als <u>Bestückroboter</u>
bezeichnet.
Viele Industrierobotersteuerungen erlauben eine Off-Line-
Programmierung von Positionswerten. Sensorschnittstellen
für Bildverarbeitungssysteme sind teilweise vorhanden /9/.
Einige Roboterhersteller bieten bereits integrierte Bildverarbeitungssysteme an /10/.
Bild 2.2 zeigt die wichtigsten Einsatzbeispiele von Bestückrobotern in der Bundesrepublik Deutschland. Die bekannten Einsatzfälle sind durch folgende Merkmale gekennzeichnet:

- die Anzahl unterschiedlicher Bauelementtypen pro Bestückroboter liegt durchschnittlich bei 17,
- der Anteil an Sonderbauelementen beträgt 60 % ,
- 80 % der Bauelemente werden an den Anschlußdrähten
  gegriffen
- der durchschnittliche Bestückprogrammwechsel liegt bei
  2 pro Tag ,
- das Bauteilspektrum wird gar nicht umgerüstet.

Diese Übersicht zeigt, daß die eingesetzten Systeme überwiegend bei großen Serien zur Restbestückung von einer
kleinen Anzahl von Bauelementen eingesetzt werden. Aufgrund
mangelnder Flexibilität der Greifwerkzeuge und Bereitstellungen, ist eine Umrüstung auf ein geändertes Bauteilspektrum nur durch Neueinrichtung des gesamten Systems durchzuführen.

Firma, Werk	Fertigungssystem	Anzahl Bestückroboter	Durchschn. Bestück-rate pro Station in BE/h	Durchschn. Anzahl der bestückten BE pro Leiterpl.	Durchschn. Anzahl von BE-Typen pro Station	Arten der Bereitstellung	Toleranzausgleichs-verfahren	Materialtransp. mit Roboter	Umrüsthäufigkeit des BE-Spektrums in 1/Schicht	Umrüsthäufigkeit der Programme in 1/Schicht	CAD/CAM-Kopplung realisiert	Verfügbarkeit des Gesamtsystems
Messgerätebau, Memmingen	FI	2	k.A.	20	20	SM(99%) F(1%)	SG	–	–	5	ja	k.A.
MTS, Schweinfurt	FL	1	k.A.	20	60	SM(10%) V(2%), F(88%)	SG	–	–	5	ja	k.A.
k.A.	FI	1	820	k.A.	40	V(10%) F(90%)	GAD	–	k.A.	5	nein	80%
Grätz, Bochum	FL	6	675	6	4	V(40%), F(40%) ZD(20%)	GAD	–	–	–	nein	80%
Siemens, Regensburg	FI	1	k.A.	14	5	SM(20%) V(80%)	GAD	–	–	0.3	nein	80%
Endress & Hauser, Lörrach	FL	5	765	30	7	SM(5%), F(70%) V(5%), ZD(20%)	GAD	–	–	k.A.	nein	85%
Heckler & Koch, Waldwössing	FI	1	450	k.A.	30	F(5%), SM(75%) V(10%), FM(10%)	k.A.	–	k.A.	k.A.	k.A.	k.A.
Telenorma, Frankfurt	FL	3	850	100	15	k.A.	GAD	–	2	k.A.	ja	k.A.
Robert Bosch GmbH Plochingen	FI	1	900	20	50	SM(90%) F(10%)	GAD	–	5	5	ja	k.A.

BE...Bauelement   SM...Stangenmagazin   V...Vibratortopf   SG...schwimmender Greifer
FL...Fertigungslinie   FM...Flachmagazin   ZD...Zuschießen durch   GAD...Greifen an den
FI...Fertigungsinsel   F...Bauteilspender   Druckluftschlauch   Anschlußdrähten

k.A...keine Angabe, bzw. bekannte Daten, die auf Wunsch der Firma nicht genannt werden

Bild 2.2: Einsatzbeispiele von Bestückrobotern innerhalb der Bundesrepublik Deutschland (Stand Dez. 1988)

Wolf entwickelt in /5/ aus der Erkenntnis der mangelnden Flexibilität beim Greifen unterschiedlicher Bauelemente ein Toleranzausgleichsverfahren, das die Bauteiltoleranzen durch Einführen der Anschlußdrähte, des mit einem schwimmenden Greifer gegriffenen Bauelements, in rastermaßhaltige Richtbohrungen beseitigt und eine geringe zulässige Greiftoleranz von bis zu ±0,3 mm durch anschließendes Blokkieren der schwimmenden Lagerung ausgleicht. Dieser Richt-

vorgang benötigt ca. eine Sekunde Taktzeit und eignet sich zum Ausgleich von Gesamttoleranzen bis zu ±0,9 mm. Es werden Lay-outs für Gesamtkonzepte entworfen, die bis zu 20 unterschiedliche Bauelementtypen und -varianten bestücken können und die den verbrauchten Bauteilvorrat automatisch auffüllen können. Eine Umrüstung des Bauteilspektrums ist nicht vorgesehen. Diese Konzepte sind zur Restbestückung von Sonderbauelementen bei mittleren und größeren Serien geeignet.
Für Kleinserien bis Einzelfertigung mit großen häufig wechselnden Bauteilspektren ist derzeit weder in der Forschung noch im Laborbetrieb eine hochflexibles automatisches Bestücksystem bekannt.

2.3 <u>Sensorsysteme</u>

Sensorsysteme zum Vermessen der Bauteilparameter werden vereinzelt in Laboranwendungen untersucht. Dabei handelt es sich entweder um eine schwimmende Richtplatte mit Weg-Meß-System oder um optische Erkennungsverfahren /5, 11/. Beide Systeme haben den Nachteil, daß durch den Umweg über die Meßplatte oder die optische Meßstelle im Arbeitsraum die Taktzeit pro Bauelement um ca. 1 bis 2 s erhöht wird. Ein Ausgleich von Bauteiltoleranzen bei optischen Erkennungsverfahren ist bisher nur durch den Einsatz 5-achsiger Roboter realisierbar /11/. Ein taktzeitneutrales Meß- und Fügeverfahren ist derzeit nicht bekannt.

2.4 <u>Bauelementbereitstellung</u>

Die Bauelemente werden vom Bauelementhersteller in drei unterschiedlichen Formen angeliefert (Bild 2.3).

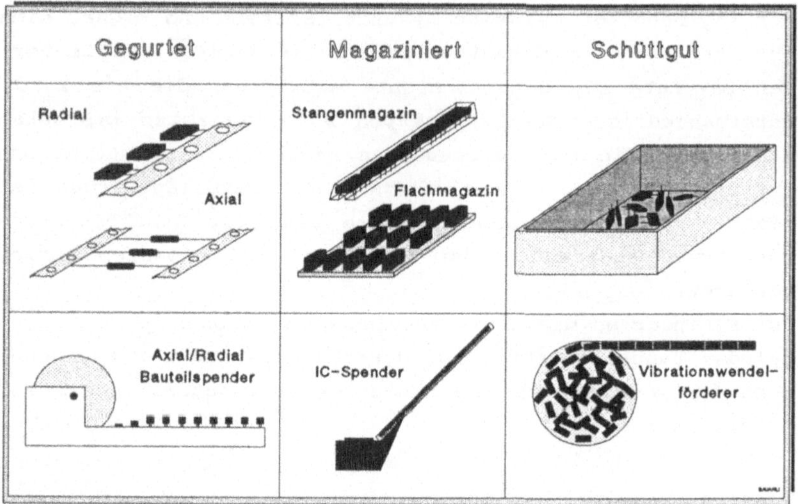

Bild 2.3: Anlieferungsformen für elektronische Bauelemente

Die gegurteten Formen (axial und radial) können in Bestückautomaten direkt oder über einen Sequenzer verarbeitet werden und in Bestückroboterzellen in Bauteilspendern bereitgestellt werden.
Die magazinierten Formen unterscheiden sich in Stangen- und
Flachmagazine. Die Stangenmagazine für IC-Bauelemente sind
genormt und können von DIP-Automaten verarbeitet bzw. in
Spendern für Bestückroboterzellen angeordnet werden. Die
Flachmagazine sind je nach Bauelement sehr unterschiedlich
und nur als Verpackung gedacht. Ein automatisches Bestücken
aus diesen Magazinen ist bis auf Ausnahmefälle nicht möglich.
Für diese Bauelemente und für Bauelemente, die im Schüttgut
angeliefert werden, besteht die Möglichkeit der Bereitstellung im Vibrationswendelförderer, soweit eine Beschädigung

der Bauelemente ausgeschlossen ist. Ist dies aus technischen Gründen nicht möglich, so müssen die Bauelemente in
einem automatisierungsgerechten Flachmagazin magaziniert
werden. Zur Abarbeitung dieser Flachmagazine wird ein pro-
gramierbarer x-y-Tisch oder ein Bestückroboter benötigt. Um
eine für den Bestückroboter ausreichende Bereitstellgenau-
igkeit im Magazin zu erreichen, müssen die Magazine eng to-
leriert werden, so daß der Magazinieraufwand dem Bestück-
aufwand sehr nahe kommt. Im Extremfall werden geometrisch
ungenaue Bauelemente wie z.B. Hybride in Flachmagazinen magaziniert, die ein zum Rastermaß des Bauelementes passendes
Lochraster aufweisen /12/.

2.5   Informationsfluß

Die meisten Bestückautomaten sind serienmäßig mit einer
DNC-Schnittstelle ausgerüstet. Es sind mehrere Anwender in
der Industrie bekannt, die diese Schnittstelle nutzen /13,
14, 15, 16, 17/. Über eine zentrale Programmverwaltung werden manuell eingelernte oder auch off-line erzeugte Programme in die Automaten übertragen. Die off-line erzeugten
Programme müssen jedoch in der Mehrzahl der Fälle am Automaten optimiert werden.
Bei Bestückzellen mit Industrierobotern kommen jetzt erste
off-line programmierfähige Systeme auf den Markt /18, 19,
38, 39/
Für kleinste Stückzahlen bis zu Stückzahl 1 sind jedoch
noch keine Systeme bekannt, da der Aufwand der Off-Line-
Programmierung bei häufigem Umrüsten des Bauteilspektrums
und die Optimierung der Bewegungsprogramme in keinem Ver-
hältnis zum Arbeitsinhalt der Leiterplattenbestückung stehen.

3   <u>Analyse des Produktspektrums bei Kleinserienbe-
     stückung</u>

Eine Untersuchung von 114 Montagesystemen elektrotechni-
scher Betriebe /1/ ergab, daß 41 % der Betriebe mehr als 10
und 18 % der Betriebe sogar mehr als 50 Endprodukte pro-
duzieren. 60 % der Firmen geben an, daß die Typen- und Variantenvielfalt der Produkte zukünftig noch steigt. Bei der
Untersuchung der Produkte ergab sich, daß mit steigender
Teilezahl pro Produkt die Stückzahl, in der das Produkt gefertigt wird, sinkt. 46 % der Firmen gaben an, daß ihre
Produkte eine durchschnittliche Produktionslaufzeit von 3
bis 6 Jahren haben, bei 4 % der Betriebe lag die durchschnittliche Produktionslaufzeit unter 3 Jahren. Als größte
Automatisierungshemmnisse werden geringe Lösgrößen (71 %)
und hohe Varianten- und Typenzahl (70 %) angegeben. Die
Branche hat mit durchschnittlich 30 % die höchsten Montagekosten. Flachbaugruppen sind im allgemeinen keine Endprodukte, sondern nur Baugruppen, so daß sich diese Aussagen
tendenziell noch verstärken.
Zur Ermittlung des Produktspektrums und zukünftiger
Entwicklungstendenzen bei der Bestückung von Leiterplatten
in kleinen Serien wurden 13 Firmen aus unterschiedlichen
Branchen befragt /20/. Es handelt sich überwiegend um Branchen der Investitionsgüterindustrie, die auf die Fertigung
kleiner Stückzahlen angewiesen sind. Zusätzlich wurden im
Rahmen dieser Arbeit Expertengespräche mit Mitarbeitern
mehrerer Firmen durchgeführt um Automatisierungshemmnisse
sowie wichtige Entwicklungstendenzen bei der Leiterplattenbestückung zu erfassen.

3.1 Produkt- und Produktionskennzahlen

Bild 3.1 und 3.2 zeigt die auf Wunsch der Firmen anonymisierten Daten. Die untersuchten Firmen stellen jährlich zwischen 70.000 und 680.000 Flachbaugruppen in 39 bis 1200 unterschiedlichen Typen her. Bei einigen Firmen, speziell

BE-Klassen	untersuchte Firmen	A	B	C	D	E	F	G	H	I	J	K	L	M
Anzahlen BE-Typen	axiale BE	330	1098	1248	615	258	513	879	219	621	1194	738	378	890
	radiale BE	156	960	894	411	213	615	510	180	396	606	504	216	610
	DIP's	75	176	168	213	63	366	99	93	87	339	234	141	1000
	Steckkontakte	6	21	/	45	27	31	60	15	/	42	30	48	20
	SMD (o.DIP)	357	1263	987	540	/	693	/	456	381	837	/	567	/
	SMD-DIP's	72	135	156	69	/	105	/	57	84	195	/	96	/
	Sonder BE	285	357	402	135	48	348	228	198	159	360	414	258	1000
Gesamtverbrauch BE (x10^6)	axiale BE	61,2	4,2	4,7	6,4	57,3	1,3	8,8	4,8	16,4	3,8	17,4	9,7	1,9
	radiale BE	42,4	2,7	3,5	4,0	25,6	1,05	6,35	2,3	9,8	2,6	9,6	5,5	1,1
	DIP's	8,65	0,35	0,6	0,76	3,4	0,48	2,05	0,75	2,7	0,8	2,3	0,84	2
	Steckkontakte	2,0	0,8	/	1,9	2,0	0,7	4,7	1,2	/	1,3	6,4	2,6	0,05
	SMD (o.DIP)	17,0	6,9	8,45	66,2	/	12,8	/	12,8	30,9	14,8	/	12,4	/
	SMD-DIP's	3,0	0,85	0,64	1,05	/	0,7	/	1,6	1,0	2,0	/	1,4	/
	Sonder BE	3,0	1,8	1,8	5,3	8,4	0,93	2,55	3,3	8,6	1,6	7,0	1,7	1
Untersuchungszeitraum: 1.1. bis 31.12.1988														

Bild 3.1: Produktionsdaten analysierter Firmen /20/

aus der Investitionsgüterindustrie, ist die tatsächliche Typenanzahl der Flachbaugruppen um bis zu dreimal höher als die jährliche produzierte Typenanzahl, d.h. nur ein Drittel des gesamten Produktspektrums wird im Zeitraum eines Jahres auch tatsächlich produziert. Dies ist darauf zurückzufüh-

ren, daß in der Investitionsgüterindustrie viele vor allem
kapitalintensive Produkte nur nach Auftrag gefertigt werden
und bei Abnahmemonopolen die Aufträge oft nur in mehrjähri-
gen Abständen vergeben werden.
Durch diese hohe Typenvielfalt an Produkten ergibt sich

untersuchte Kriterien / untersuchte Firmen	A	B	C	D	E	F	G	H	I	J	K	L	M
Gesamtzahl FBG ($\times 10^3$)	571	122	73	480	679	167	345	211	306	192	649	510	100
Anzahl FBG-Typen	47	127	651	87	39	1105	284	193	411	852	103	246	1200
Durchschnittliche Stückzahlen	12150	960	112	5517	17410	151	1215	1090	745	225	6300	2073	83
Gesamtverbrauch BE ($\times 10^6$)	137,25	17,6	19,69	85,61	96,7	17,96	24,45	26,75	40,5	26,9	42,7	34,14	7,5
Anzahl verschiedener BE-Typen	1290	4008	3855	2028	609	2689	1776	1218	1728	3573	1920	1704	3520
Anzahl verschiedener LP-Abmessungen	5	8	34	7	6	47	14	23	16	42	19	29	kA
Durchschnittliche Losgrößen	200	50	25	50	200	10	50	k.A.	75	40	250	150	9
Änderungen p.a.	35	25	157	k.A.	30	250	112	k.A.	70	200	75	150	430
Neuzugänge/Löschungen p.a.	6	20	88	20	5	200	64	k.A.	79	150	26	50	360
Durchschnittliche DLZ [Tg]	6	30	40	15	4	30	32	k.A.	24	25	12	20	36
Anzahl Arbeitsschichten	2	1	1	2	1,5	1	1	1	1,5	1	1,5	1,5	1,5

Untersuchungszeitraum: 1.1. bis 31.12.1988

Bild 3.2: Bauelementklassen analysierter Firmen /20/

eine Vielfalt der Bauelemente zwischen 600 und 4000 Typen.
Die Leiterplatten werden mit 60 bis 270 Bauelementen bestückt, wobei im Durchschnitt ca. 50 unterschiedliche Bauelementtypen auf einer Flachbaugruppe vorkommen. Hierbei

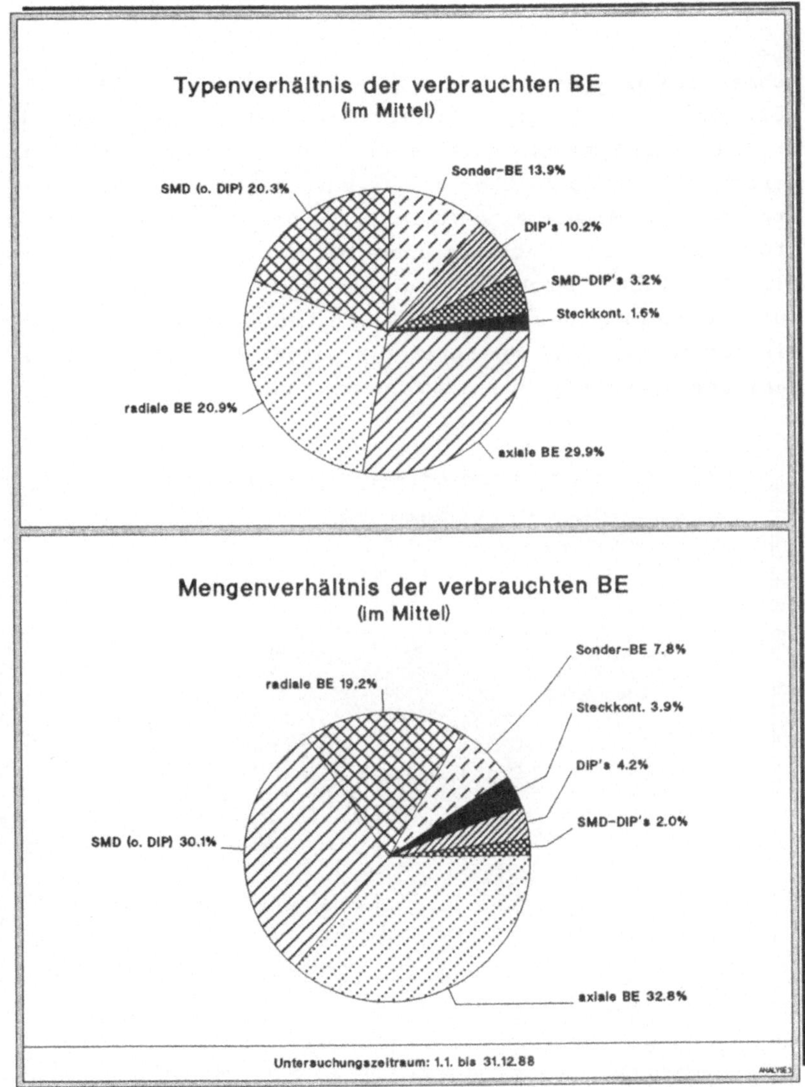

Bild 3.3: Typen- und Mengenverhältnisse der verbrauchten Bauelemente (BE) analysierter Firmen /20/

nehmen die axialen und radialen Bauelemente den größten Anteil von 50,8 % ein, gefolgt von SMD-Bauelementen mit 23,5 %. Das Mengenverhältnis der verbrauchten Bauelemente verschiebt sich gegenüber dem Typenverhältnis leicht zugunsten der SMD-Bauelemente (Bild 3.3). Die durchschnittlichen Stückzahlen pro Flachbaugruppe betragen zwischen 83 und 17.500 Stück. Noch aussagekräftiger ist jedoch die Aufschlüsselung der Stückzahlen auf die einzelnen Typen. Die Aufschlüsselung von Betrieb M zeigt Bild 3.4. Die Mehrzahl der Typen (780 von 1200) werden nur bis zu 25 mal pro

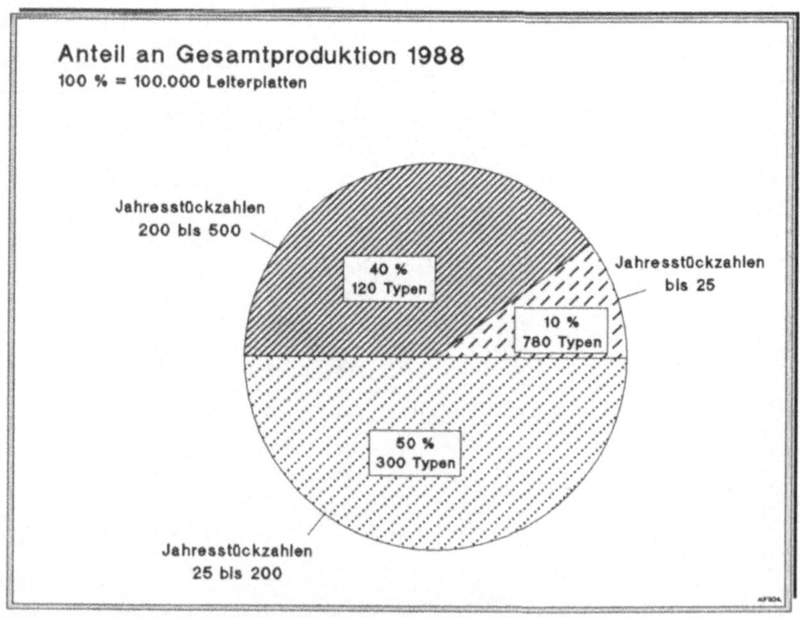

Bild 3.4: Typenverteilung mit Stückzahlen einer Firma

Jahr hergestellt. Diese Typen werden nach Auftrag über das
Jahr verteilt hergestellt, so daß Stückzahlen von bis zu
einem Stück/Monat entstehen. Durch vielfach auftretende Än-
derungen pro Jahr werden einige dieser Typen faktisch zu
Einzelanfertigungen.
Die Durchlaufzeiten bei der Leiterplattenbestückung reichen
von 4 Tagen bis zu 6 Wochen, wobei die Durchlaufzeiten bei
kleinen Stückzahlen tendenziell zunehmen.

3.2 Automatisierungshemmnisse

Das Bild 3.5 zeigt die wichtigsten Automatisierungshemmnisse bei der Bestückung von Leiterplatten in kleinen Se-

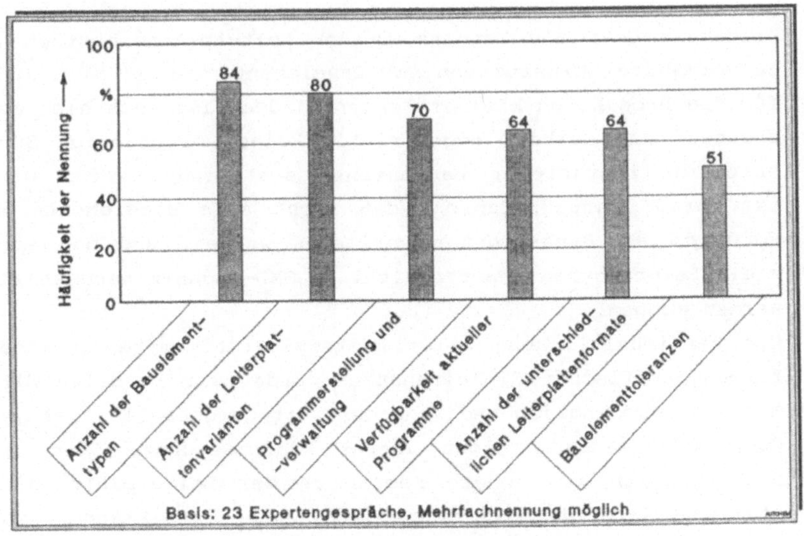

Bild 3.5: Automatisierungshemmnisse bei der Bestückung von
Leiterplatten in kleinen Serien

rien. Das am meisten genannte Hemmnis ist die Anzahl der
Bauelementtypen, gefolgt von der Anzahl der Leiterplatten-
varianten. Die Programmerstellung und Programmverfügbarkeit
ist für sehr kleine Stückzahlen aufwendig, im extrem für
die Stückzahl 1, unwirtschaftlich. Ein weiteres Problem
stellt die Vielzahl der unterschiedlichen Leiterplattenformate dar. Dem kann bei sehr großen Produktspektren nur
durch die Einführung eines Einheitsnutzen, d.h. die Zusam-
menfassung mehrerer Leiterplatten in einem einheitlichen
Format, begegnet werden. Problemmatisch sind auch immer
noch eine große Anzahl von Sonderbauelementtypen, die vielfach toleranzbehaftet sind.

3.3   Tendenzen in der Bestückung kleiner Serien

Allgemein geht die Tendenz in der Leiterplattenbestückung
zu vermehrtem Einsatz von SMD-Bauelementen. Dies gilt auch
für die Produktion kleiner Serien. Jedoch ist auch hier ab-
zusehen, daß selbst längerfristig keine vollständige Sub-
stitution bedrahteter Bauelemente stattfinden wird. Dies
ist darauf zurückzuführen, daß nicht alle Bauelemente in
Form von SMD-Bauelementen vorliegen werden, und daß speziell Leistungsbauelemente nicht in SMD-Technik hergestellt
werden können.
Die Vereinheitlichung aller Leiterplattenformate in einem
firmenspezifischen Einheitsnutzen wurde zwar in allen Firmen als vordringlich und wünschenswert dargestellt, ist jedoch mittelfristig nicht überall durchsetzbar. Dies ist
hauptsächlich auf höhere Kosten in der Leiterplattenher-
stellung, bedingt durch vergrößerte ungenutzte Flächen, zurückzuführen. Der Abfall an Leiterplattenmaterial läßt sich
oft nicht gegen den monetär nur schwer quantifizierbaren
Vorteil des Einheitsnutzen rechnen.

Die Reduzierung der Typenvielfalt bei Bauelementen und Leiterplatten wird überwiegend pessimistisch gesehen. Aufgrund des weiter wachsendsen Einsatzes von Elektronik in allen Bereichen der Technik ist eher mit einer Erhöhung der Leiterplattenvielfalt und damit verbunden auch mit einer Erhöhung der Bauelementvielfalt zu rechnen.
Bild 3.6 zeigt die wichtigsten Tendenzen bei der Bestückung kleiner Serien.

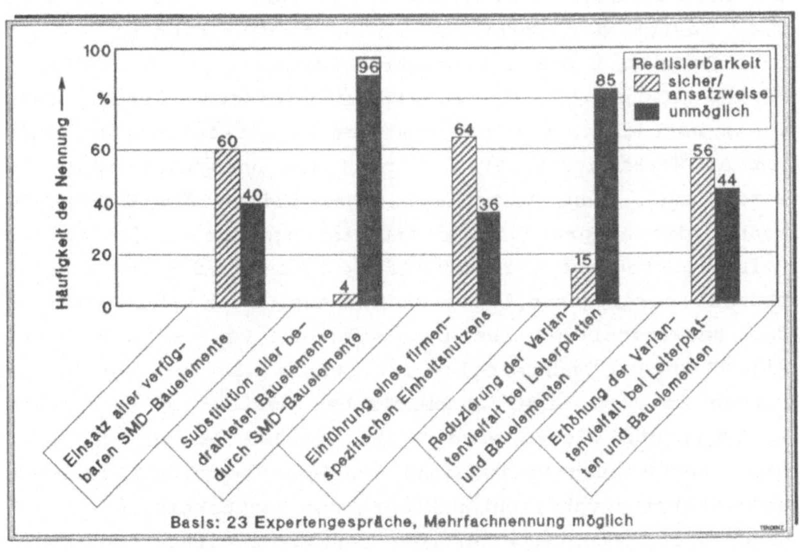

Bild 3.6: Tendenzen bei der Bestückung von Leiterplatten in kleinen Serien

3.4 Folgerungen aus den Analyseergebnissen

Die Bestückung von Leiterplatten in kleinen Stückzahlen ist gekennzeichnet durch eine hohe Typenvielfalt der Produkte und eine noch höhere Vielfalt der Bauteile. Aufgrund des Gesamtverbrauchs an Bauelementen werden die Kapazitäten moderner Axial- und Radialbestücksysteme nicht rentabel ausgenutzt. Gleichzeitig sprengt die Typenvielfalt der Bauelemente die Bereitstellungsmöglichkeiten solcher Systeme.
Bei durchschnittlichen Bestückleistungen von 800 BE/h (Bild 2.2) lastet der Verbrauch an Sonderbauelementen zwar je nach Betrieb 1 bis 4 Bestückroboter aus, jedoch müßte ein Bestückroboter bis zu 400 unterschiedliche Sonderbauelemente bestücken, was aufgrund des Bereitstellungsaufwandes mit am Markt verfügbaren Mitteln als unmöglich betrachtet werden muß. Eine Ausnahme hierbei bilden die SMD-Bauelemente, die aufgrund ihrer Anlieferungsform in Filmen oder Blistergurten auf gleicher Fläche in sehr viel größerer Typenzahl bereitgestellt werden können. Auch eine Umrüstung der Bereitstellung ist problemloser. Da die SMD-Technik eine "jüngere Technologie" ist, wurde sie bei den meisten Firmen in Form einer automatischen Bestückung eingeführt.
Im Gegensatz hierzu werden bei kleinen Serien bedrahtete Bauelemente noch überwiegend von Hand bestückt, teilweise unterstützt durch lichtpunktgeführte Bestücktische.
Nachdem das Rationalisierungspotential mittlerer und großer Serien in der Leiterplattenbestückung weitgehend ausgenutzt worden ist, soll in dieser Arbeit die automatische Bestückung von bedrahteten Bauelementen auf Leiterplatten in kleinen Serien mit Industrierobotern untersucht werden.

4   <u>Anforderungen an ein hochflexibles Bestücksystem</u>
         <u>für Kleinserienfertigung</u>

4.1   <u>Teilfunktionen</u>

In Anlehnung an die Definition von Schweizer /21/ zu programmierbaren Handhabungsgeräten, Schraft /22/ zu den Teilsystemen von programmierbaren Handhabungsgeräten und Abele
/23/ zu programmierbaren Gußputzsystemen bzw. Schlaich /24/
zu programmierbaren Kabelbaummontagesystemen und Wolf /5/
zu den Begriffen der Leiterplattenbestückung wird definiert:

"Ein <u>hochflexibles Bestücksystem für die Kleinserienferti-</u>
<u>gung</u> besteht aus einem oder mehreren Industrierobotern, die
mit allen Werkzeugen und anwendungsspezifischen Komponenten
wie z.B. Leiterplattenindexiereinrichtungen, Bereitstell-
einrichtungen und Sensoren versehen sind, die zur automatischen Bestückung einer Leiterplatte notwendig sind. Die
Flexibilität bezieht sich auf die Programmerstellung des
Systems, auf unterschiedliche Leiterplattentypen, die Bereitstellung elektrisch und geometrisch unterschiedlicher
Bauelemente, sowie die Umrüstung der Bereitstellung auf beliebige Bauelementspektren ohne manuelle Eingriffe in die
Mechanik."

Nach der Definition in Kapitel 2.2 bestehen Industrieroboter aus mehreren freiprogrammierbaren Achsen. Da diese Achsen je nach Konzept auch modular zusammengesetzt sein können, kann der Übergang von einem auf mehrere Industrieroboter fließend sein.
Ein hochflexibles Bestücksystem für die Kleinserienfertigung hat damit folgende Aufgaben:

- Aufrüsten des auftragsspezifischen Bauteilspektrums
- Bereitstellen der Leiterplatten
- Erstellen des flachbaugruppenspezifischen Programms
- Bestücken der Leiterplatte mit Bauteilen
- Befestigen der Bauelemente auf der Leiterplatte
- Entnahme der Leiterplatte aus dem Bestücksystem

Neben diesen Aufgaben, die bei der Bestückung jeder Leiterplatte notwendig sind, soll ein hochflexibles Bestücksystem
als Option auch zur Montage von typen- und variantenspezi-
fischen (Sonder-)Teilen geeignet sein. Derartige Sonderteile sind beispielsweise Kühlrippen für Leistungsbauelemente, Klebeschilder, Kabelbrücken usw. Die Handhabung und
Montage dieser Sonderteile ist je nach Produkt unterschied-

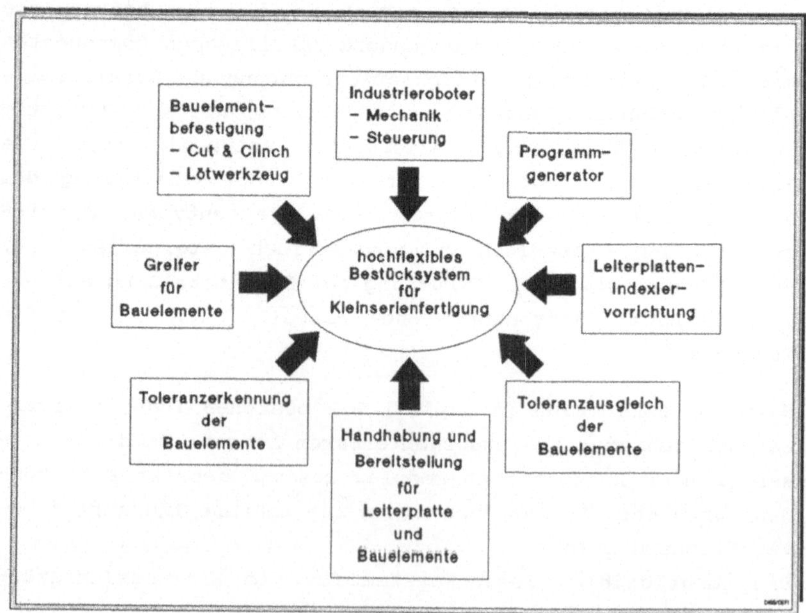

Bild 4.1: Teilsysteme eines hochflexiblen Bestücksystemes
für Kleinserienfertigung

lich und nicht allgemeingültig lösbar und muß im Einzelfall
betrachtet werden. Deshalb wird im folgenden davon ausge-
gangen, daß eine Flachbaugruppe aus der Leiterplatte und
bedrahteten Bauelementen besteht.
Bild 4.1 zeigt die Teilsysteme, die zur Erfüllung der oben
genannten Aufgaben notwendig sind.
Die Teilsysteme für das Bereitstellen und Indexieren der
Leiterplatten und das Befestigen der Bauelemente auf der
Leiterplatte entsprechen dem Stand der Technik und können
ohne Probleme in ein Gesamtsystem integriert werden. Diese
Teilsysteme werden nicht weiter betrachtet. Für die anderen
Teilsysteme werden im folgenden die Anforderungen spezifi-
ziert.

4.2   Anforderungen an das Gesamtsystem

Wie die Ergebnisse der Analyse des Produktspektrums zeigen,
ist zur Erfüllung der unterschiedlichen Anforderungen an
ein hochflexibles Bestücksystem für Kleinserienfertigung
die Entwicklung eines Lösungskataloges für alternative Gesamtsysteme notwendig. Aus den Analyseergebnissen läßt sich
ein allgemeingültiges Pflichtenheft (Bild 4.2) ableiten,
das je nach Anwendungsfall noch genauer spezifiziert werden
muß.

4.3   Anforderungen an die Teilsysteme

4.3.1   Bereitstellung

Im Gegensatz zu bestehenden automatisierten Lösungen für
mittlere und große Serien müssen in der Kleinserienproduk-

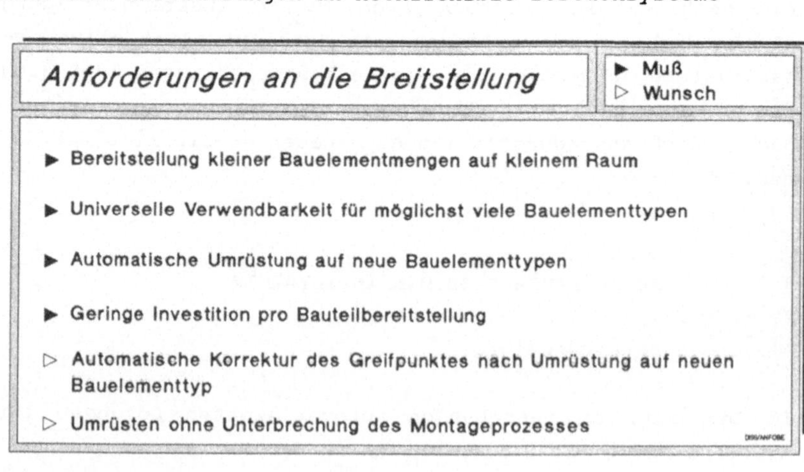

Bild 4.2: Anforderungen an hochflexible Bestücksysteme

Bild 4.3: Anforderungen an die Bereitstellung

tion für Flachbaugruppen je nach aktuellem Typ ständig andere Bauelemente bereitgestellt werden. Von dem einzelnen Bauelementtyp werden bis zum nächsten Umrüstvorgang nur eine geringe Anzahl gebraucht. Dies stellt hohe Anforderungen an die Rüstflexibilität und die universelle Einsetzbarkeit der Bereitstellsysteme für unterschiedliche Bauelementtypen. Um durch den Umrüstvorgang die Verfügbarkeit des Systems und damit die Konkurrenzfähigkeit gegenüber einer manuellen Bestückung nicht zu stark zu beeinträchtigen, sollte eine Automatisierbarkeit des Umrüstvorganges und der räumlichen Anpassung der Roboterbewegungen an die geänderten Bereitstellverhältnisse angestrebt werden.

4.3.2 Greifer, Toleranzerkennung und Toleranzausgleich

Eine Anpassung der Greifer an die jeweilige Bauteilgeometrie, wie es in der Fertigung mittlerer und großer Serien vielfach angestrebt wird, ist aufgrund der hohen Typenvarianz der Bauteile nicht möglich. Daraus entstehende Greiftoleranzen sowie die Bauelementtoleranzen müssen möglichst ohne Taktzeitverlust erkannt und ausgeglichen werden.
Die Anpassung des Greiferbackenhubs an beengte Geometrien auf der Leiterplatte und die Anpassung der Greifkraft an empfindliche Bauelemente entsprechen dem Stand der Technik und sind anzustreben.

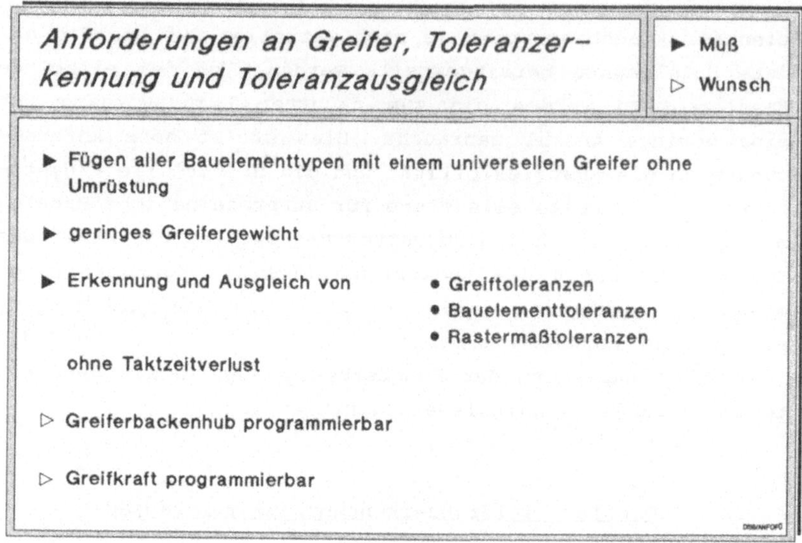

Bild 4.4: Anforderungen an Greifer, Toleranzerkennung und Toleranzausgleich

4.3.3   Anforderungen an Programmierung und Steuerung

Aus der Analyse geht hervor, daß viele Hersteller kleiner Serien die Programmerstellung und -verfügbarkeit problematisch sehen. Für sehr kleine Stückzahlen ist eine vollautomatische Programmerstellung unbedingt anzustreben. Bei hoher Änderungshäufigkeit von Leiterplattenlayouts muß die Aktualisierung der bestehenden Programme gewährleistet sein. Um bei Losgröße 1 das Bestücksystem durch die Zugriffszeit auf die Programme nicht zu sehr zu behindern, müssen kurze Programmladezeiten realisiert werden.

Anforderungen an Programmierung und Steuerung

► Muß

▷ Wunsch

- ► 100 % Programmverfügbarkeit bis zu Stückzahl 1
- ► Programmerstellung ohne Produktionsstop
- ► Ständige Aktualisierung bestehender Programme bei Produkt- oder Bauteiländerung
- ► Kurze Programmladezeiten
- ▷ Automatisierte Programmerstellung
- ▷ Programme mit variablen Teilebereitstellungspositionen
- ▷ Autarke dezentrale Steuerung der Bestücksysteme
- ▷ Vernetzung der Steuerung mit dem Fertigungsleitrechner (CIM)

Bild 4.5: Anforderungen an Programmierung und Steuerung

5 Konzeption von hochflexiblen Bestücksystemen für Kleinserienfertigung

5.1 Lösungskonzept für Teilfunktionen

Von den in Bild 4.1 definierten Teilfunktionen einer rüstflexiblen Roboterbestückzelle kann der automatische Transport von Bauteilen und Leiterplatten und das Verlöten der Bauelemente auf der Leiterplatte durch Anwendung von bekannten technischen Standardlösungen realisiert werden.
Für eine automatisch umrüstbare Bauteilebereitstellung, das Erkennen der Bereitstellungstoleranzen, das Fügen ungenau gegriffener und toleranzbehafteter Bauelemente und das automatische Generieren der Bestückprogramme müssen robotergerechte Lösungen entwickelt werden.

5.1.1 Automatisch umrüstbare Teilebereitstellung

Für diese Funktion zeigt Bild 5.1 morphologisch entwickelte Lösungsprinzipien, sowie die Bewertung dieser Prinzipien anhand wichtiger Auswahlkriterien.
Die Eignung für beliebige Bauelemente in Verbindung mit einem geringen Magazinieraufwand erfüllt nur das Schaumstoffmagazin, d.h. ein Flachmagazin mit einer Schaumstoffoberfläche, in die die Bauteile eingesteckt werden. Um eine Programmierung auf das jeweilige Belegungsmuster des Magazins zu umgehen, ist das Vermessen der Magazininhalte mit einem Sensorsystem anzustreben.
Aufgrund der begrenzten Auflösung des Sensorsystems ergeben sich jedoch Toleranzen zwischen dem ermittelten Greifpunkt und dem tatsächlichen Bereitstellungspunkt /25, 26/.

TEIL-FUNKTION	UNTER-SCHEIDUNGS-MERKMAL	LÖSUNGS-ALTERNATIVE	VORTEILE	NACHTEILE
BEREIT-STELLEN	Magazinform	Formmagazin	+ relativ exakte Bereitstellung	- viele Magazin-formen, - hoher Maga-zinierungsaufwand, - hohe Kosten
		Rastermagazin	+ exakte Bereitstellung + geringe Kosten + kein Richtvorgang + für alle Bauelemente geeignet	- sehr hoher Magazi-nieraufwand - Gefahr der Falsch-magazinierung
		Schaumstoffmagazin	+ geringer Magazinier-aufwand + geringe Kosten + für alle Bauelemente geeignet	- ungenaue Bereit-stellung - Magazinvermessung notwendig
		Schüttgut	+ keine Magazinier-kosten	- Griff in die Kiste technisch nicht gelöst
	Entmagazinie-rungsroutine	Greifposition einlernen	+ exakte Greifposition + für ungenaue Bereit-stellung geeignet	- sehr großer Auf-wand pro Magazin
		Entmagazinierungsroutine mit Eingabe der Bauteilabstände	+ relativ exakte Greif-position	- Parameter aller Ma-gazinformen müs-sen bekannt sein - für ungenaue Bereitstellung unge-eignet
		Vermessen mit Sensor-system	+ kein Aufwand für Eingabe der Greif-position + für ungenaue Bereit-stellung sehr geeignet	- Kosten für Sensor-system - je nach Auflösung relativ ungenaue Greifposition

Bild 5.1: Lösungsmöglichkeiten für das Bereitstellen von Bauelementen in einem hochflexiblen Bestücksystem für Kleinserienfertigung

5.1.2   <u>Fügen ungenau gegriffener und toleranzbehafteter Bauelemente</u>

Bild 5.2 zeigt morphologisch ermittelte und bewertete Lösungsprinzipien für ungenau gegriffene Bauelemente mit und ohne Rastermaßtoleranz.

Um ungenau gegriffene Bauteile mit minnimalem Taktzeitverlust zu Fügen müssen diese im Greifer vermessen werden. Vermessene Bauteile können ohne z-Nachgiebigkeit sicher gefügt werden. Um bei rastermaßtoleranzbehafteten Bauelemen-

TEIL-FUNKTION	UNTER-SCHEIDUNGS-MERKMAL	LÖSUNGS-ALTERNATIVE	VORTEILE	NACHTEILE
FÜGEN UNGENAU GEGRIF-FENER BAUTEILE	ohne Raster-maßtoleranz	Fügen mit z-Nachgiebigkeit und Suchstrategie	+ einfache Sensorik	– hoher Taktzeit-anteil – Fügefehler bei hoher Packdichte
		Fügen ohne z-Nachgiebigkeit	+ minimaler Taktzeit-anteil + einfacher Greifer	– nur bei vorheriger Vermessung oder mechanischer Ausrichtung der Anschlußdrähte möglich
	mit Rastermaß-toleranz	nicht Fügen (Ausschuß)	+ einfaches Zellen-konzept	– hoher Bauteil-ausschuß – hohe Kosten – Taktzeitverlust – Vermessen der Anschlußdrähte oder z-Nachgiebig-keit notwendig
		sequentielles Fügen durch unterschiedlich lange An-schlußdrähte	+ einfache Füge-strategie + einfacher Greifer	– höhere Bauteil-kosten
		sequentielles Fügen durch schräges Greifen	+ einfacher Greifer	– Aufwand für schrä-ge Bereitstellung – Bauelemente schräg auf Leiter-platte – Vermessung der Anschlußdrähte notwendig
		sequentielles Fügen durch schräge Leiterplatte	+ einfacher Greifer	– aufwendige Leiter-plattenhaltung – aufwendige Be-stückpunktsberech-nung – Vermessung der Anschlußdrähte notwendig
		sequentielles Fügen durch gekippten Greifer	+ kein Einfluß auf Bau-teilbereitstellung und Leiterplattenfixierung + Aufrichten des Bau-elements auf Leiter-platte möglich	– Vermessung der Anschlußdrähte notwendig

Bild 5.2: Lösungsmöglichkeiten für das Fügen ungenau ge-griffener Bauteile in einem hochflexiblen Be-stücksystem für Kleinserienfertigung

ten bei hoher Verfügbarkeit ohne Taktzeitverlust und ohne erhöhte Bauteilkosten ein sicheres Fügen zu gewährleisten, wird die Fügestrategie mit gekipptem Greifer ausgewählt.

5.1.3   Programmgenerierung

Bei häufiger Umrüstung der Peripherie, ungenau bereitgestellter Bauelemente und häufig wechselndem Leiterplatten-
spektrum ist die Programmerstellung ein Schwerpunkt bei der
Produktion kleiner Flachbaugruppenserien. Bild 5.3 zeigt
hierfür morphologisch ermittelte Lösungsprinzipien.

TEILFUNKTION	LÖSUNGSALTERNATIVE		VORTEILE	NACHTEILE
PROGRAMMERSTEL-LUNG	Schreiben des Leiterplatten-programmes mit Teachen der Raumpunkte		+ sehr exakte, auf die jeweilige Leiterplatte abgestimmte Pro-gramme + keine CAD-Daten erforderlich	- hoher Aufwand für Programmierung - hoher Aufwand für Programmverwaltung und -pflege
	Off Line-Programmierung		+ geringerer Aufwand für Programm-erstellung	- Raumpunkte nur in "Positioniergenauig-keit" - höhere Programm-ladezeiten - hoher Aufwand für Programmverwaltung und -pflege
	Automatische Pro-grammgenerierung aus CAD-Daten	Off Line	+ kein manueller Auf-wand für Programm-erstellung	- Raumpunkte nur in "Positioniergenauig-keit" - höhere Programm-ladezeiten - aufbereitete CAD-Daten erforderlich - hoher Aufwand für Programmverwaltung und -pflege
		On Line	+ kein manueller Auf-wand für Programm-erstellung + geringe Ladezeiten für CAD-Daten + keine Programm-verwaltung und -pflege	- Raumpunkte nur in "Positioniergenauig-keit" - Aufbereitete CAD-Daten erforderlich

Bild 5.3: Lösungsmöglichkeiten für die Programmerstellung
in einem hochflexiblen Bestücksystem für Kleinserienfertigung

Um den Rüstzeitanteil, hervorgerufen durch Programmladezeiten bzw. den Aufwand für die Programmverwaltung und -erstellung so gering wie möglich zu halten, wird die On line-Programmgenerierung direkt aus den CAD-Daten von Bauelement und Leiterplatte gewählt. Voraussetzung hierfür sind jedoch passend für das Programmgenerierungsmodul der Robotersteuerung aufbereitete CAD-Daten bzw. entsprechende Konvertierungsprogramme oder definierte Schnittstellen /26, 38, 39/.

5.2 Entwicklung von Rüstkonzepten

5.2.1 Rüstkonzepte für die Teilebereitstellung

Für die Entwicklung rüstflexibler Roboterbestückstationen müssen alternative Rüstkonzepte entwickelt werden.

TEIL-FUNKTION	UNTER-SCHEIDUNGS-MERKMAL	LÖSUNGS-ALTERNATIVE	VORTEILE	NACHTEILE
UMRÜSTEN DER TEILE-BEREIT-STEL-LUNG	Zeitpunkt	Umrüsten während des Montagevorganges	+ höhere Verfüg-barkeit der Anlage + für häufiges Um-rüsten geeignet	− manuelles Um-rüsten nicht im Arbeitsraum des aktiven Roboters
		Umrüsten bei Stillstand der Anlage	+ einfaches Konzept	− Verringerung der Verfügbarkeit − für häufiges Umrüsten nicht geeignet
	Ort	innerhalb des Industrie-roboterarbeitsraumes	+ einfache Peripherie	− bei parallelem Umrüsten Entkopp-lungsprobleme
		außerhalb des Industrie-roboterarbeitsraumes	+ Umrüsten unab-hängig von aktu-eller Produktion + wahlweise auto-matisches oder ma-nuelles Umrüsten	− doppelte Peri-pherie notwendig − Peripherie schwenk- oder auswechselbar

Bild 5.4: Lösungsmöglichkeiten für das Umrüsten der Teilebereitstellung in einem hochflexiblen Bestücksystem für Kleinserienfertigung

Bild 5.4 zeigt morphologisch ermittelte Konzepte zum Umrüsten der Bauteilbereitstellung.

Das flexibelste und mit den geringsten Stillstandszeiten verbundene Konzept ist das parallel zum Bestückprozeß durchgeführte Umrüsten im Arbeitsraum des Industrieroboters. Da diese Lösung aus Sicherheitsgründen nur von einem zweiten Roboter durchgeführt werden kann, werden bei der Entwicklung der Gesamtsysteme für geeignete Produktspektren alternativ auch das manuelle Umrüsten bei Stillstand des Systems berücksichtigt.

5.2.2 Rüstkonzepte für die Robotersteuerung

Bild 5.5 bewertet die Lösungsalternativen bei Datenspeicherung und -übertragung. Auch hier wird die Eignung der Lösung durch das jeweilige Produktspektrum differenziert. Die flexibelste Lösung ist das zentrale Speichern von aktualisierten CAD-Daten, die über ein LAN zeitgerecht in die Robotersteuerung geladen werden.

Nach Bild 5.3 wird das Bestückprogramm im Programmgenerierungsmodul der Robotersteuerung generiert. Dadurch wird der Umfang der zu übertragenden Daten minimiert und eine höchstmögliche Aktualität und Verfügbarkeit der Programme gesichert.

5.3 Lösungskonzepte für das Gesamtsystem

5.3.1 Einrobotersysteme

Beim Einrobotersystem muß das Sensorsystem für die Bauteillageerkennung vom Bestückroboter gehandhabt werden oder die

TEIL-FUNKTION	UNTER-SCHEIDUNGS-MERKMAL	LÖSUNGS-ALTERNATIVE	VORTEILE	NACHTEILE
UMRÜSTEN DER ROBOTER-PROGRAM-ME	Daten-speicherung	zentral	+ einfache Daten-verwaltung und Aktualisierung + große speicher-bare Datenmenge	– Zugriffs- und Ladezeiten
		dezentral	+ schnelle Zugriffs-zeit	– Speichergröße begrenzt – Datenaktualisie-rung aufwendig
	Laden der Daten	über Datenträger manuell	+ einfache Lösung + große dezentrale Speichermöglichkeit	– Verwechslungs-gefahr – nicht automati-sierbar – für häufiges Um-rüsten ungeeignet
		über LAN-Schnittstelle	+ Datenübermittlung automatisierbar + für häufiges Umrüsten geeignet	– Zugriffs- und Ladezeiten
		aus internem Speicher, bei dezentraler Speicherung	+ minimale Zugriffs-zeit + Umrüsten auto-matisierbar	– Datenmenge durch Speicher begrenzt

Bild 5.5: Lösungsmöglichkeiten für das Umrüsten der Robo-
terprogramme in einem hochflexiblen Bestücksystem
für Kleinserienfertigung

Bauteilmagazine zu einem ortsfesten Sensor bewegt werden.
Beim manuellen Umrüsten kann der gesamte Arbeitsraum als
Bereitstellfläche für Bauteile und Leiterplatten genutzt
werden. Ändert sich das Bauteilspektrum, so wird die Produktion in der Zelle gestoppt und die entsprechenden Magazine werden ausgetauscht. Das Umrüsten vermindert jedoch
die Produktionszeit der Zelle.
Soll das System sich automatisch umrüsten, so ist dies
durch Übergabe von vorkommissionierten Paletten möglich,
bzw. der Roboter entnimmt Magazine von einem Band. In beiden Fällen verringert sich der Bereitstellplatz innerhalb
des Arbeitsraumes. Die passive Umrüstung durch Paletten-

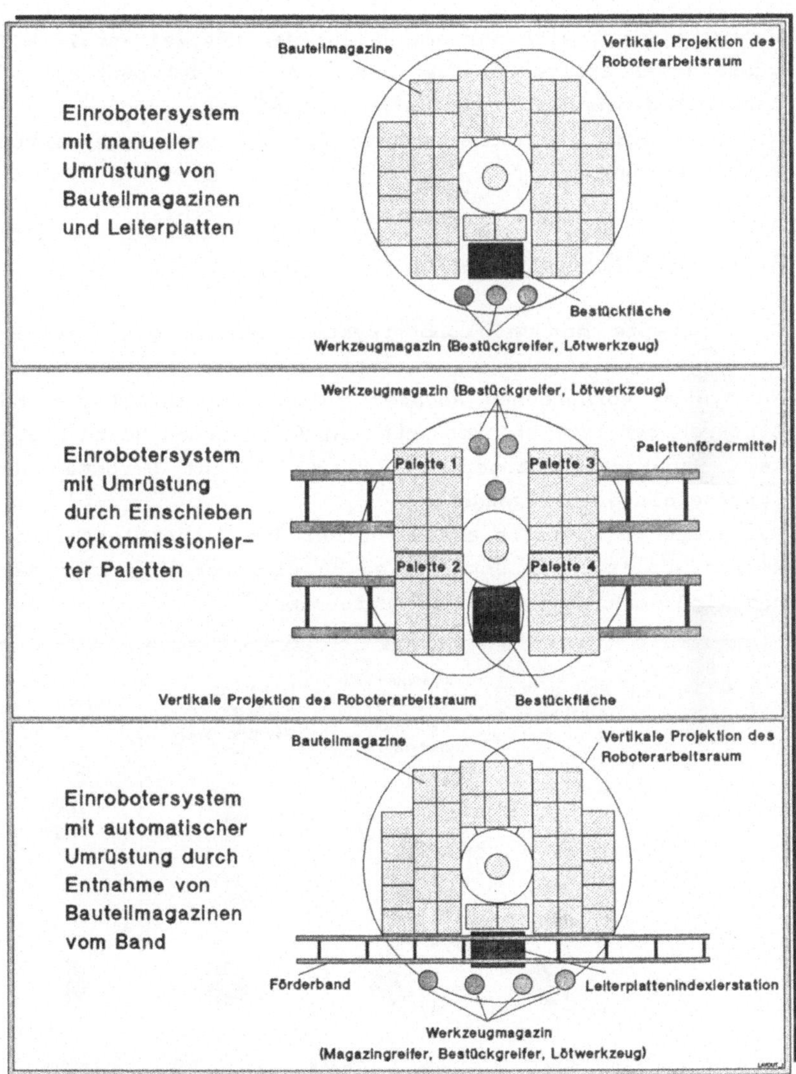

Bild 5.6: Konzipierte Layoutvarianten für Einrobotersysteme

übergabe wirkt sich nur gering auf den Rüstzeitanteil aus,
während das aktive Umrüsten durch den Bestückroboter zeit-
lich mit dem manuellen Umrüsten vergleichbar ist.
Bild 5.6 zeigt typische Layouts für die drei konzipierten
Einrobotersysteme.

5.3.2   Mehrrobotersysteme

Die Konzepte der Mehrrobotersysteme müssen grundsätzlich
unterschieden werden in Konzepte, in denen die Anzahl der
im System vorhandenen Roboter gleich der Anzahl der Bestückroboter ist, und Konzepte, in denen neben Bestückrobotern Handhabungsroboter ausschließlich zum Umrüsten der
Systeme eingesetzt werden.
Der erste Fall stellt aus der Sicht der Umrüstflexibilität
keinen qualitativen Unterschied zu Einrobotersystemen dar,
und wird deshalb nicht näher untersucht.

Eignungs- kriterien Roboter- typ	Entkoppelbarer Arbeitsraum zu Bestückroboter	Zugänglichkeit des Arbeitsraums des Bestück-roboters	Bedienung mehrerer Bestückroboter	Verfahr-geschwindigkeit
SCARA	○	○	◐	●
Vertikal-knickarm-roboter	◐	◐	◐	○
Portal-roboter	●	●	●	◐

○ bedingt geeignet   ◐ geeignet   ● gut geeignet

Bild 5.7: Eignung von Robotertypen unterschiedlicher Kinematiken für die Aufgabe der Umrüstung

Im zweiten Fall besteht die Möglichkeit ein oder mehrere Bestückroboter im Arbeitsraum des Handhabungsroboters anzuordnen, so daß dieser die einzelnen Zellen umrüsten kann. Bild 5.7 bewertet die Eignung von Robotertypen unterschiedlicher Kinematiken für die Aufgabe der Umrüstung.

Der Umstand, daß Portalroboter vielfach aus Linearachseneinheiten zusammengesetzt sind, ermöglicht eine optimale Anpassung des Arbeitsraumes an die Rüstaufgabe.

Begrenzt wird die Anzahl der rüstbaren Bestückeinheiten durch die Anzahl der Rüstvorgänge pro Zeiteinheit und die Verfahrgeschwindigkeit des Portalroboters.

Im Gegensatz zu den unterschiedlichen Konzepten bei Einrobotersystemen soll bei den Mehrrobotersystemen der Zusammenhang zwischen dem Handhabungsroboter und der Anzahl der zu rüstenden Bestückroboter untersucht werden. Bild 5.8 zeigt die Layouts für einen Portalroboter mit einem, zwei und vier Bestückrobotern.

5.4 Bewertung der alternativen Gesamtsysteme

5.4.1 Grad der Umrüstflexibilität der Teilebereitstellung

Die einzelnen Gesamtsystemalternativen werden anhand ihrer Umrüstflexibilität bewertet.

Der Grad der Umrüstflexibilität wird gemessen an der Anzahl der Bauelemente eines Typs, die im Mittel bestückt werden müssen, bevor dieser Typ umgerüstet werden kann, ohne daß die Rüstzeit mehr als einen in der Bewertung festzusetzenden Prozentsatz der Gesamtnutzungszeit des Systems ausmacht. Dieser Grad ist unabhängig von der Anzahl bereitgestellter unterschiedlicher Bauelemente und läßt alleine noch keine Aussage über die Bestückflexibilität zu. Die

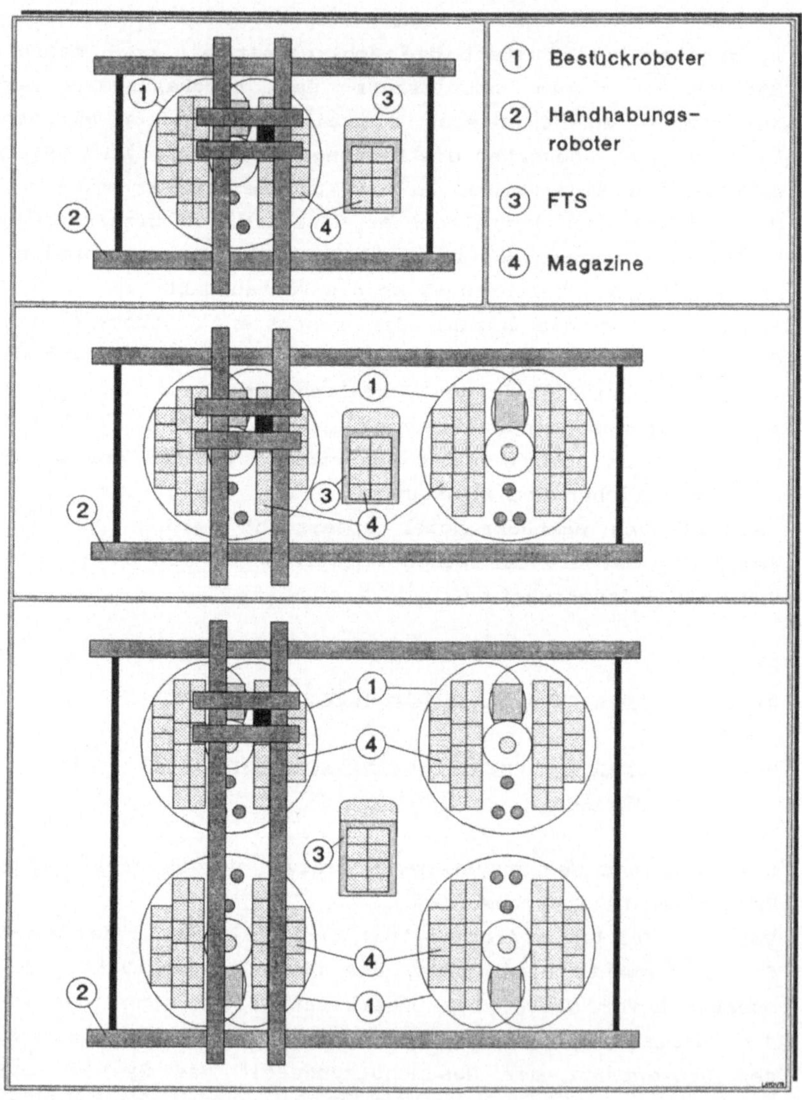

Bild 5.8: Konzipierte Layoutvarianten für Mehrrobotersysteme

durchschnittliche minimale bestückte Bauelementanzahl vor
einer Umrüstung des Typs berechnet sich zu

$$n_{Bmin} = \frac{t_{UM}}{(t_B + t_{UL} + t_{UV}) * P} \qquad (5.1)$$

bei Rüstvorgängen in Systemstillstandszeiten

und

$$n_{Bmin} = \frac{t_{UM}}{(t_B + t_{UL} + t_{UV}) * (1 + P)} \qquad (5.2)$$

bei parallelem Umrüsten

mit

n_{Bmin} minimale bestückte Bauelementanzahl vor Umrüstung
des Bauelementtyps

t_{UM} Umrüstzeit pro Magazin

t_B Bestücktaktzeit

t_{UL} Wechselzeit pro Leiterplatte (anteilig pro
Bauelement)

t_{UV} Umrüstzeit pro Leiterplattentyp (anteilig pro
Bauelement)

P Prozentsatz der Rüstzeit an der Gesamtnutzungszeit

Bild 5.9 zeigt die Ermittlung des Umrüstflexibilitätsgrades
für die entwickelten Konzepte bei einem zulässigen Prozentsatz der Rüstzeit an der Gesamtnutzungszeit des Systems von
5%. Das Mehrrobotersystem mit einem Handhabungsroboter und
einem Bestückroboter hat den höchsten Grad der Umrüstflexibilität für die einzelne Teilebereitstellung.

System / Systemparameter	Umrüstzeit pro Magazin t_{UM}	Bestücktaktzeit t_B	Wechselzeit pro Leiterplatte (anteilig pro Bauelement) t_{UL}	Umrüstzeit pro Leiterplattentyp (anteilig pro Bauelement) t_{UV}	minimale bestückte Bauelementanzahl vor Umrüstung des Bauelementtyps n_{Bmin}	Rangfolge
Einrobotersystem						
manuelle Umrüstung	20 s	4 s	0,5 s	0,3 s	84	5
automatische Umrüstung mit Palette (8 Magazine/Palette)	10 s	4 s	0,8 s	0,1 s	41	4
automatische Umrüstung vom Band	25 s	4 s	0,3 s	0,1 s	114	6
Mehrrobotersysteme Handhabungsroboter mit						
1 Bestückroboter	40 s	4 s	0,4 s	0,1 s	9	1
2 Bestückroboter	40 s	2 s	0,4 s	0,05 s	16	2
4 Bestückroboter	50 s	1 s	0,4 s	0,025 s	33	3
manuelle Zeiten nach MTM autom. Zeiten durch Robotersimulation			Annahme: durchschnittlich 30 Bauelemente/ Leiterplatte	Annahme: durchschnittliche Losgröße 10		

Bild 5.9: Umrüstflexibilitätsgrad unterschiedlicher Konzepte

5.4.2 Typenflexibilität der Gesamtsysteme

Die Typenflexibilität der Gesamtsysteme wird gemessen anhand der durchschnittlichen minimalen Lösgröße, die das System aufgrund seiner Umrüstflexibilität der Bereitstellung und der Anzahl der Bereitstellungen zuläßt, ohne daß die Rüstzeit mehr als den gewählten Prozentsatz P der Gesamtnutzungszeit ausmacht. Zur Abschätzung der durchschnittlichen minimalen Losgröße muß eine Kennzahl hergeleitet werden.

Unter der Voraussetzung, daß nach Abarbeitung eines Loses das gesamte Bauelementspektrum umgerüstet wird, lautet die Kennzahl für die durchschnittliche minimale Losgröße bei vollständiger Neuaufrüstung zwischen den Losen

$$L_{Umin} = \frac{n_{\emptyset Bmin} * n_{BVL}}{n_{BL}} \qquad (5.3)$$

mit

$n_{\emptyset Bmin}$ durchschnittliche minimale Anzahl bestückter Bauelemente vor Umrüstung des Bauelementtyps

n_{BVL} Anzahl der Bauelementtypen pro Flachbaugruppe

n_{BL} Anzahl der Bauelemente pro Flachbaugruppe

Im allgemeinen überlappt sich jedoch das Bauelementspektrum von Flachbaugruppe zu Flachbaugruppe um den prozentualen Überdeckungsgrad $g_{\ddot{U}}$, so daß die Bauelementtypen, die zur Bestückung des nächsten Loses weiterhin benötigt werden, nicht umgerüstet werden müssen.
Weiterhin wird vorausgesetzt, daß die Anzahl der Bauelementbereitstellungen n_B größer ist als die Anzahl bereitzustellender Bauelementtypen (n_{BVL}) für das jeweilige Los. Die restlichen Bauelementbereitstellungen können für einen festzusetzenden Produktionszeitraum mit Bauelementtypen aufgerüstet werden, die im betreffenden Zeitraum zu g_D % dem Bauelementspektrum der im System zu bestückenden Flachbaugruppen angehören.
Hierdurch ergibt sich die Kennzahl für die durchschnittliche minimale Losgröße zu

$$L_{\emptyset min} = \frac{n_{\emptyset Bmin} \, [n_{BVL} \, (1 - g_{\ddot{U}} + g_D) - n_B * g_D]}{n_{BL}} \qquad (5.4)$$

Bild 5.10 zeigt für typische Leiterplatten und Bauelementspektren die ermittelten minimalen Losgrößen pro Gesamtsystemvariante. Es wird deutlich, daß die Varianten mit Handhabungsroboter deutlich kleinere Losgrößen zulassen als Einrobotersysteme.

Um dieselben Losgrößen mit Systemvarianten ohne Handhabungsroboter zu erreichen, müssen je nach Variante Rüstzeiten zwischen 20% und 60% der Gesamtnutzungszeit (Gleichung 5.1) in Kauf genommen werden.

System (Systemparameter)	durchschnittliche minimale Anzahl bestückter Bauelemente vor Umrüstung des Bauelementtyps $n_{\emptyset Bmin}$	Anzahl der Bauelementbereitstellungen n_B	Losgrößenkennzahl $L_{\emptyset min}$		
Einrobotersystem					
manuelle Umrüstung	84	42	41	28	9
automatische Umrüstung mit Palette (8 Magazine/Palette)	41	32	21	15	5
automatische Umrüstung vom Band	114	38	56	39	12
Mehrrobotersysteme Handhabungsroboter mit					
1 Bestückroboter	9	34	5	3	1
2 Bestückroboter	16	68	7	5	2
4 Bestückroboter	33	136	11	6	1
			Annahme: $n_{BL} = 30$ $n_{BVL} = 30$ $\vartheta_0 = 50\,\%$ $\vartheta_D = 5\,\%$	Annahme: $n_{BL} = 60$ $n_{BVL} = 30$ $\vartheta_0 = 60\,\%$ $\vartheta_D = 10\,\%$	Annahme: $n_{BL} = 90$ $n_{BVL} = 30$ $\vartheta_0 = 70\,\%$ $\vartheta_D = 10\,\%$

Bild 5.10: Abschätzung der minimalen erreichbaren Losgröße unterschiedlicher Konzepte in Abhängigkeit vom Produktspektrum

6 Entwicklung eines taktzeitoptimierten Fügeverfahrens für ungenau positionierte und toleranzbehaftete Bauelemente

6.1 Verfahren zum Messen der Bereitstellungs- und Bauteiltoleranzen

6.1.1 Lösungsprinzipien

Bild 6.1 zeigt morphologisch ermittelte und anhand wichtiger Kriterien (wie z.B. Taktzeitanteil, Meßgenauigkeit, Komplexität des Aufbaus, Kosten, etc.) bewertete Lösungsprinzipien zum Vermessen der Bereitstellungstoleranzen von Bauelementen. Um den Einfluß auf die Taktzeit so gering wie möglich zu halten, wird das Prinzip der Vermessung des Bauteils im Robotergreifer während der Bewegung vom Bereitstellpunkt zur Leiterplatte mit einem am Roboterarm geführten Sensor weiterverfolgt. Als Meßprinzip wird die Bilderkennung ausgewählt. Das Prinzip bietet den Vorteil, daß die Bauteiltoleranzen bei derselben Messung miterfaßt werden können. Die Kamera, wird senkrecht neben der z-Achse am Roboterarm angebracht und die Blickrichtung wird mit einem Spiegel um 90° umgelenkt.

6.1.2 Entkopplung der Handachse von der Bahnbewegung des Roboters

Während der Verfahrbewegung vom Bereitstellpunkt zum Bestückpunkt muß die Bilderkennung des Bauelementes aus drei Ansichten durchgeführt werden. Zu diesem Zweck muß die Handachse des Bestückroboters das Bauteil in die jeweils richtige Winkellage zum Sensorsystem drehen. Dies muß synchron zur Verfahrbewegung der beiden Hauptachsen durchgeführt werden. Die Möglichkeit, eine Achse eines Roboters während

TEIL-FUNKTION	UNTER-SCHEIDUNGS-MERKMAL	LÖSUNGS-ALTERNATIVE	VORTEILE	NACHTEILE
MESSUNG DER BEREIT-STEL-LUNGS-TOLERAN-ZEN	Ort	Exakte Erkennung der Position in der Bereitstellung durch Sensorik	+ keine Fügepositionskorrektur nötig	− Messen am Bauteilkörper − zeitintensiv, da hohe Auflösung erforderlich − Handhabung des Sensors zu jedem Bauteil − Bauelementtoleranzen nicht erkennbar
		Messen der Abweichung der Bauteilachse gegenüber der Greiferachse nach dem Greifvorgang mit ortsfestem Sensor	+ Messen direkt an den Anschlußdrähten + Miterfassung der Bauteiltoleranzen + einfacher Aufbau + einfache Programmtechnische Realisierung	− Taktzeitverlängerung bei ortsfester Sensorik
		Messen der Abweichung der Bauteilachse gegenüber der Greiferachse nach dem Greifvorgang mit Sensor am Roboter	+ Messen direkt an den Anschlußdrähten + Miterfassung der Bauteiltoleranzen + minimaler Einfluß auf die Taktzeit bei Vermessung während der Bewegung	− Achsentkopplung notwendig
	Meßprinzip	Laserscanner	+ dreidimensionale Erkennung durch Abstandsmessung	− aufgrund von Baugröße nur ortsfest
		Taktile Greiferbacken mit Meßauswertung	+ Vermessung unabhängig von Roboterbewegung	− nur Vermessung des Bauteilkörpers − keine Erfassung der Bauteiltoleranzen
		Bilderkennung	+ durch Baugröße am Roboterarm integrierbar + Erkennen der gesamten Anschlußdrahtkontur	− hoher Preis
	Sensoranordnung (für optischen Sensor)	Kameraanordnung waagrecht	+ einfache Anordnung + direkte Messung möglich	− platzraubende Anordnung aufgrund der Länge des Sensors − Sensorhalterung schwer
		Kameraanordnung senkrecht	+ platzsparende Anordnung parallel zur z-Achse + leichte Sensorhalterung	− Messung nur durch Strahlenumlenkung möglich

Bild 6.1: Lösungsmöglichkeiten zur Messung der Bereitstellungstoleranzen für ungenau positionierte Bauelemente

der Bewegung der anderen Achsen definiert zu bewegen, ermöglichen derzeitige Robotersteuerungen nicht. Es mußte deshalb ein Verfahren zur Entkopplung der einzelnen Achsbewegungen entwickelt werden.

Die Bewegung vom Bereitstell- zum Bestückpunkt ist aufgrund der Kinematik eines SCARA im allgemeinen nicht geradlinig. Sie beschreibt eine durch die gleich- oder gegensinnige Drehung der beiden Hauptachsen mit meist unterschiedlicher Winkelgeschwindigkeit erzeugte Kurve.

Diese Kurvenbewegung der beiden Hauptachsen muß in definierte Teilstücke zum Anfahren der drei Winkelstellungen der Handachse und zum Verharren in diesen Winkelstellungen für die Zeit der Bilderkennung zerlegt werden (Bild 6.2). Die sich daraus ergebenden Kurvenpunkte werden errechnet und mit der entsprechenden Winkelstellung der Handachse in unmittelbarer Folge ohne programmtechnische Pause angefahren, so daß für die beiden Hauptachsen eine gleichmäßige ruckfreie Bewegung entsteht. Da die Bilderkennung unabhängig von der Bereitstellentfernung immer dieselbe Zeit braucht, muß die Geschwindigkeit des Roboters proportional zur Winkeldifferenz der Achsen gewählt werden /25/.

6.1.3 Untersuchung der Abschirmungsmöglichkeiten von Umgebungslicht

Bei Versuchen mit einem freistehenden Spiegel und einer weißen Glühlampe als Hintergrund wurde unter Abschirmung von Umgebungslicht die Funktionstüchtigkeit des Prinzips der Vermessung von Teilen im ruhenden Robotergreifer nachgewiesen /27/. Bei der Anwendung dieses Prinzips zum Vermessen von Anschlußdrähten während der Bewegung des Roboters sinkt die Erkennungsquote auf unter 50 %.

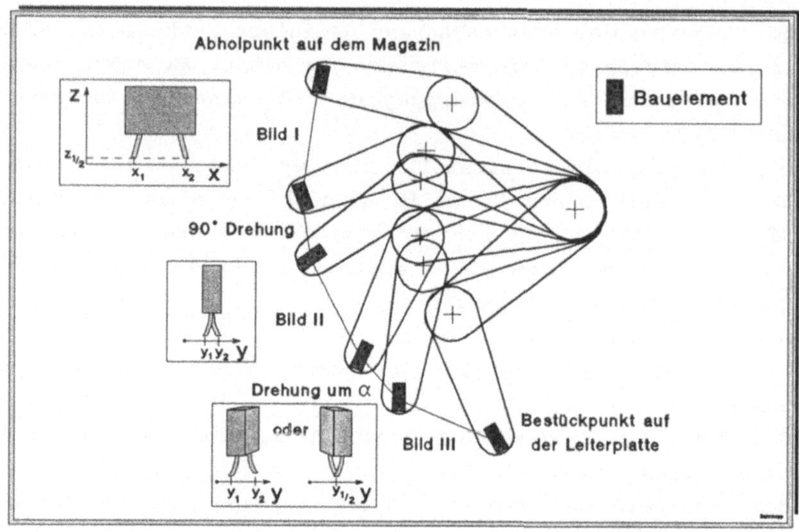

Bild 6.2: Bahnkurve des Greifers am Bestückroboter mit entkoppelter Bewegung der vierten Achse

Durch ständiges Anpassen des Schwellwertes der Bilderkennung an das wechselnde Umgebungslicht kann die Erkennungsquote geringfügig gesteigert werden. Zusätzlich entstehen Probleme bei der Erkennung der Anschlußdrähte durch Spiegelung von Umgebungslicht auf ihrer metallischen Oberfläche. Die dadurch entstehende Kontrastarmut verhindert auch bei Anpassung des Schwellwertes eine Erkennung der Anschlußdrähte. Versuche zur Abschirmung des Umgebungslichtes zeigen, daß diffuses Umgebungslicht durch Anpassung des Schwellwertes ausgeglichen werden kann, dagegen führt gerichtetes Umgebungslicht von der Seite auf die Anschlußdrähte oder von oben über den Spiegel auf die Anschlußdrähte zu nicht ausgleichbarer Kontrastarmut. Zur Abschirmung des Umgebungslichtes wurden Versuche mit un-

terschiedlichen Konzepten durchgeführt. Bild 6.3 zeigt die
Bewertung der Versuchsergebnisse /25/.

	Kamera und Spiegel offen	Kamera und Spiegel gekapselt	Kamera, Spiegel und Hintergrund gekapselt
Beleuchtung von vorne; kein Hintergrund	● □ ▲	◐ □ ▲	▭
Beleuchtung von vorne; schwarzer Hintergrund	◐ ◨ ▲	◐ ◨ ▲	○ ■ ▲
Beleuchteter Hintergrund	◐ ◨ △	◐ ■ ▲	○ ■ ▲

Auswahlkriterien

○ Gewicht, Baugröße, Zugänglichkeit
□ Abhängigkeit von Fremdlicht diffus
△ Abhängigkeit von Fremdlicht durch Einwirkung
   von oben über den Spiegel
▭ Kombination nicht möglich

● ■ ▲   gut geeignet
◐ ◨ ▲   geeignet
○ □ △   ungeeignet

Bild 6.3: Morphologisch dargestellte Versuchsergebnisse zur
Eignung unterschiedlicher Abschirmungs- und Be-
leuchtungskonzepte

Obwohl die Vollkapselung von Kamera, Spiegel und Hintergrund
von der Bilderkennung her die besten Ergebnisse liefert,
scheidet sie wegen Gewicht, Baugröße und Zugänglichkeit aus.
Die ausgewählte Lösung mit gekapselter Spiegel-Kamera-Anord-
nung und beleuchtetem Hintergrund bietet nur Schutz vor ge-
richtetem Umgebungslicht von oben, jedoch keinen optimalen

Schutz gegen diffuses Umgebungslicht und gerichtetes Umgebungslicht von der Seite.

6.1.4   <u>Entwicklung und Auswahl der geeigneten Hintergrund-</u>
         <u>beleuchtung</u>

Bild 6.4 zeigt die relative spektrale Verteilungsdichte von Sonnenlicht /28/, Neonlicht /29/ und der verwendeten Glühlampe /30/ und die relative spektrale Empfindlichkeit der CCD-Kamera /31/.

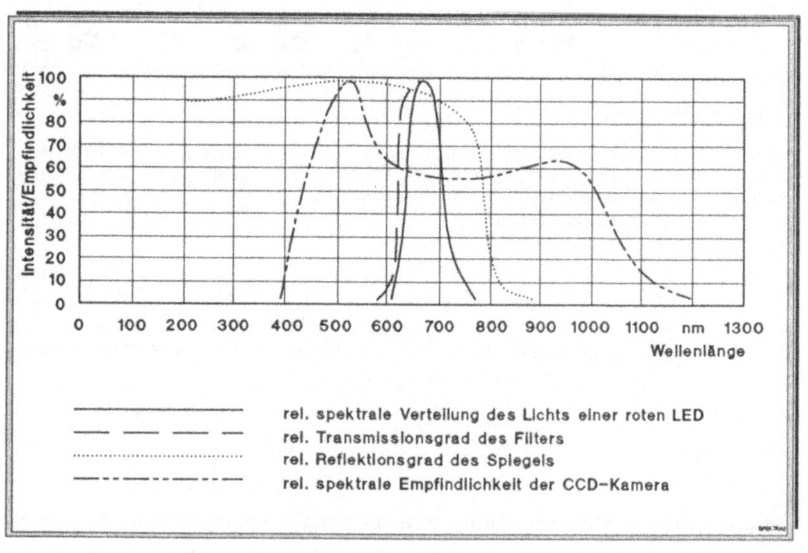

Bild 6.4: Darstellung der relativen spektralen Verteilungs-
          dichte von Umgebungslicht und Hintergrundbeleuch-
          tung und relative spektrale Empfindlichkeit der
          CCD-Kamera

Das Schaubild verdeutlicht zwei Effekte. Zum einen liegen die Maxima von spektraler Empfindlichkeit der Kamera und den Hauptumgebungslichteinflüssen wie Sonnen- und Neonlicht sehr dicht beieinander. Dadurch entsteht die hohe Empfindlichkeit der Bilderkennung auf Umgebungslichteinflüsse.

Zum zweiten erwärmt die Glühlampe durch ihren hohen Infrarotanteil den CCD-Sensor, der auf die höhere Temperatur mit einer Erhöhung seiner Dunkelspannung und einer Verringerung des Auflösungsvermögens und der dadurch entstehenden Kontrastarmut reagiert /32/.

Bild 6.5 zeigt die relative spektrale Verteilung eines aus diesen Ergebnissen entwickelten Beleuchtungskonzeptes mit LEDs /33/ im roten Spektralbereich als Hintergrundbeleuchtung

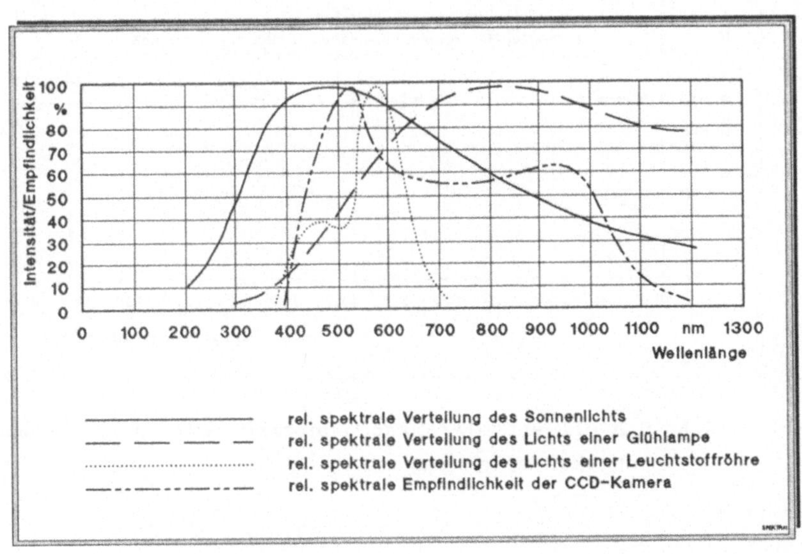

Bild 6.5: Spektrale Darstellung des entwickelten Beleuchtungskonzeptes

und einem Filter /34/, der Wellenlängen kürzer als 600 nm
herausfiltert, und einem metallisch oberflächenbedampften
Spiegel /35/, der Wellenlängen im infraroten Bereich herausfiltert. Hierdurch wird die Bilderkennung zum einen in einem
relativ linearen Spektralbereich der CCD-Kamera durchgeführt
und Umgebungslichteinflüsse werden gegenüber der Lösung mit
Glühlampe als Hintergrund und ohne Filtertechnik weitestge-
hend eliminiert.
Bild 6.6 zeigt die Ergebnisse einer dazu durchgeführten Meß-
versuchsreihe mit unterschiedlichen Beleuchtungskonzepten.

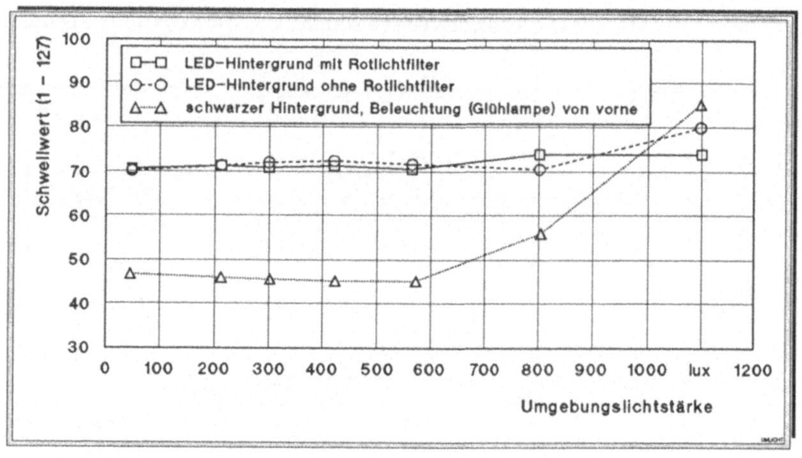

Bild 6.6: Schwellwerttoleranzen unterschiedlicher Beleuch-
tungskonzepte

Als Gütekriterium ist die Steigung der Kurve der
Schwellwertanpassung über der Raumhelligkeit anzusehen. Minimale Steigung deutet auf einen vom Umgebungslicht unabhän-
gigen Schwellwert hin.

6.2   <u>Verfahren zum Fügen ungenau gegriffener und toleranzbehafteter Bauelemente mit zwei Anschlußdrähten</u>

6.2.1   <u>Lösungsprinzipien</u>

Aus Kapitel 5.1.2 geht die Alternative des sequentiellen Fü-
gens mit gekipptem Greifer als sinnvollste Lösung hervor.
Bild 6.7 zeigt alternative Möglichkeiten zur Realisierung
dieses Verfahrens. Die optimale Fügebewegung und die geringsten Kräfte auf das Bauelement ergeben sich durch eine

TEILFUNKTION	LÖSUNGSALTERNATIVE	VORTEILE	NACHTEILE
FÜGEN MIT GEKIPPTEM BAUELEMENT	aktive Fügebewegung (Bahnkurve)	+ optimale Fügebewegung + geringste Kräfte auf Bauelemente	− 5-achsiger Roboter notwendig
	schräges Fügen von oben mit Niederhalter eindrücken	+ kleinster Taktzeitanteil	− undefinierte Fügebewegung − hohe Kraft auf Bauteil
	schräges Fügen und mit freidrehender Kippachse in Sollposition fahren	+ einfachste Bauform + relativ geringer Taktzeitanteil + nahezu optimale Fügebewegung + 4 Achsen ausreichend	− Kräfte auf Bauteil abhängig von drehender Masse im Greifer und Hebelarm zum Drehpunkt

Bild 6.7: Lösungsmöglichkeiten für das Fügen mit gekipptem
          Bauelement

aktive Fügebewegung, jedoch scheiden wegen der benötigten 5
frei programmierbaren Achsen die meisten gängigen Bestückroboter für diese Lösung aus. Versuche mit fünf- bzw. sechs-
achsigen Robotern ergeben aufgrund ihrer Kinematik oder auf-

grund der Handhabung des zusätzlichen Gewichtes der 5. Achse eine durchschnittliche Taktzeiterhöhung von mindestens 20 %. Die Realisierung der Kippbewegung im Greifer mit passiver Rückstellung beim Fügen geht dadurch als beste Lösung hervor.

6.2.2   <u>Herleitung des maximalen Kippwinkels</u>

Zur Herleitung des maximalen Kippwinkels wird von einem idealisierten Bauelement mit parallelen, senkrecht zum Bauelementkörper stehenden Anschlußdrähten ausgegangen. Der Kippwinkel α_k des Greifers ist begrenzt durch die geometrischen Daten von Leiterplattenbohrung, Anschlußdraht und Abstand der Anschlußdrähte. Der erste Anschlußdraht muß bei gegebenem Winkel α_k soweit in die Bohrung der Leiterplatte eingeführt werden können, daß der zweite Anschlußdraht in der für ihn bestimmten Bohrung gerade eintaucht. Die notwendige Eintauchtiefe $E_{muß}$ des ersten Anschlußdrahtes bei gegebendem Rastermaß R und Kippwinkel α_k errechnet sich zu

$$E_{muß} = R * \sin \alpha_k \qquad (6.1)$$

Der für diese Eintauchtiefe maximal zulässige Kippwinkel α_{kmax} des Anschlußdrahtes in der Bohrung errechnet sich zu

$$\alpha_{kmax} = \arcsin \frac{D}{\sqrt{E^2 + D^2}} - \arcsin \frac{d}{\sqrt{E^2 + D^2}} \qquad (6.2)$$

Setzt man Gleichung 6.1 in Gleichung 6.2 ein, so erhält man die für α_{kmax} transzendente Funktion

$$\alpha_{kmax} = \arcsin \frac{D}{\sqrt{R^2 \sin^2 \alpha_{kmax} + D^2}} - \arcsin \frac{d}{\sqrt{R^2 \sin^2 \alpha_{kmax} + D^2}}$$

$$(6.3)$$

Bild 6.8 zeigt die durch iterative Eingrenzung von Nullstellen ermittelte Kurvenschar des maximalen Kippwinkels in Abhängigkeit vom Rastermaß des Bauelements für unterschiedliche Anschlußdraht- und Leiterplattenbohrungsdurchmesser.

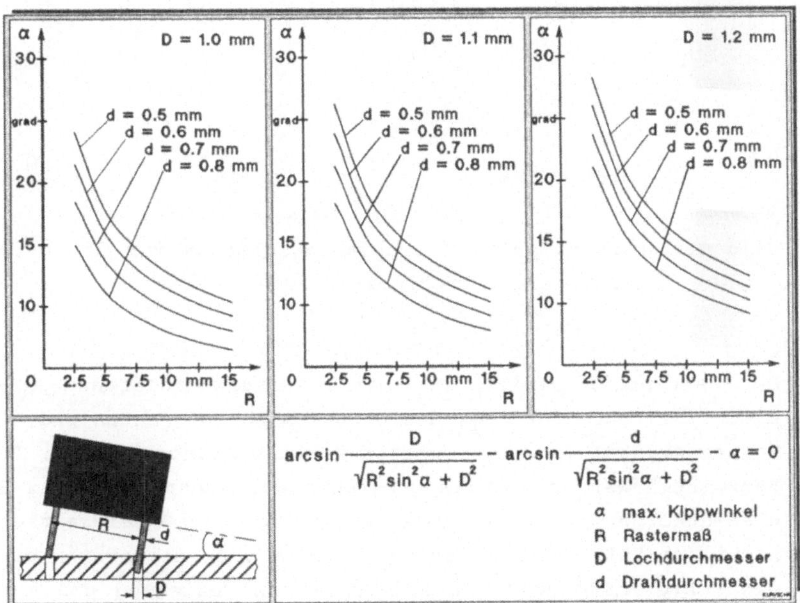

Bild 6.8: Kurvenscharen für den maximalen Kippwinkel in Abhängigkeit vom Rastermaß und Anschlußdrahtdurchmesser des Bauelementes und dem Lochdurchmesser der Leiterplatte

6.2.3   Herleitung des maximal möglichen Toleranzausgleichs für die vereinfachte ebene Problemstellung

Für die vereinfachte ebene Problemstellung wird angenommen, daß die toleranzbehafteten Anschlußdrähte des Bauelements nur innerhalb der durch die Sollstellung der beiden Anschlußdrähte aufgespannten Ebene ausgelenkt sind.

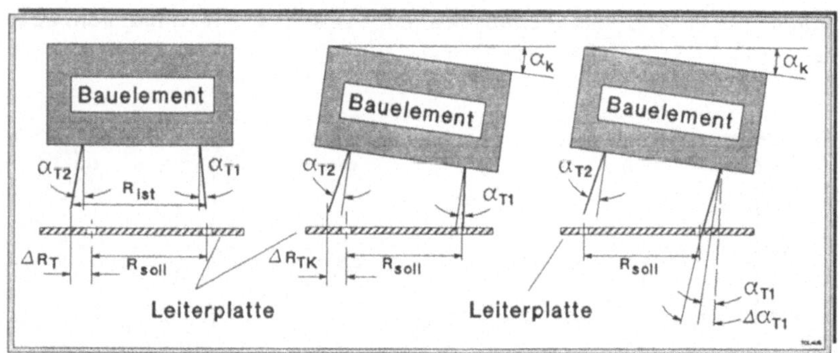

Bild 6.9: Darstellung des Toleranzausgleichs für die vereinfachte ebene Problemstellung

Das Bauelement besitzt also eine Rastermaßtoleranz ΔR_T und einen Toleranzwinkel α_{T1} des ersten Anschlußdrahtes und einen Toleranzwinkel α_{T2} des zweiten Anschlußdrahtes. Diese Toleranzwinkel werden jeweils gegenüber der Senkrechten zum Bauelementkörper gemessen. Da das Rastermaß am Bauelementkörper nicht dem Soll entsprechen muß, stehen die Toleranzwinkel und die Rastermaßtoleranz in keiner festen Beziehung und müssen jede für sich gemessen werden. Die Rastermaßtoleranz errechnet sich zu (Bild 6.9)

$$\Delta R_T = R_{soll} - R_{ist} \tag{6.4}$$

am senkrechten Bauelement. Die mit gekipptem Bauelement auf
der Leiterplatte auszugleichende Toleranz berechnet sich zu
(Bild 6.9)

$$\Delta R_{TK} = R_{soll} \ (1 - \cos \alpha_k) + \ \Delta R_T \cos \alpha_k \qquad (6.5)$$

Diese Toleranz muß durch Verbiegen des ersten Anschlußdrahtes
ausgeglichen werden, bevor der zweite Anschlußdraht in seine
Bohrung gefügt werden kann. Dadurch addiert sich zu dem Toleranzwinkel α_{T1} des ersten Anschlußdrahtes der Länge b der
Toleranzausgleichswinkel $\Delta\alpha_{T1}$, der sich wie folgt berechnet:

$$\Delta\alpha_{T1} = \arcsin[\ \frac{1}{b} \ \{R_{Soll} \ (1 - \frac{1}{\cos \alpha_k}) - \Delta R_T\}] \qquad (6.6)$$

Um einen erfolgreichen Fügevorgang nach dem Toleranzausgleich
zu gewährleisten, muß folgende Ungleichnung erfüllt sein:

$$- \alpha_{kmax} \leq \alpha_k + \alpha_{T1} + \Delta\alpha_{T1} \leq \alpha_{kmax} \qquad (6.7)$$

bzw. für ΔR_T muß gelten:

$$b * \sin(\alpha_k + \alpha_{T1} - \alpha_{kmax}) - R_{Soll} \ (\frac{1}{\cos \alpha_k} - 1)$$

$$\leq \Delta R_T \leq$$

$$b * \sin(\alpha_{kmax} + \alpha_k + \alpha_{T1}) - R_{Soll} \ (\frac{1}{\cos \alpha} - 1)$$

$$(6.8)$$

Für den zweiten Anschlußdraht gilt, daß

$$\alpha_k + \alpha_{T2} \leq 90^\circ - \arcsin \frac{d}{D} \qquad (6.9)$$

sein muß. Je nach Rauhigkeit der Leiterplattenbohrung kann sich dieser Grenzwinkel noch verringern. Dieser Grenzwinkel hat jedoch nur theoretischen Charakter, da in realistischen Fügefällen die Summen aus α_k und α_{T2} weit unter diesem Grenzwinkel bleiben.

6.2.4 Erweiterte Herleitung des maximal möglichen Toleranzausgleichs für die räumliche Problemstellung

Um das Bauelement beim Toleranzausgleich räumlich verbogener Anschlußdrähte nicht unnötig zu belasten, werden die mit dem Greifer gekippten Anschlußdrähte mit der gedachten Diagonale zwischen den Anschlußdrahtenden parallel zum Lochraster auf der Leiterplatte gefügt und beim Ausrichten durch Geradestellen des Greifers in die Leiterplatte geschwenkt und gleichzeitig durch eine Drehbewegung der 4. Roboterachse soweit zum Lochraster der Leiterplatte verdreht, daß am Ende des Fügevorganges die Greiferbacken parallel zum Lochraster der Leiterplatte stehen.
Das Problem des maximalen Toleranzausgleichs tritt nur zu Beginn des Einsetzvorganges des ersten Anschlußdrahtes in die Leiterplatte auf. Prinzipiell gilt auch hier die Gleichung 6.8. Die Rastermaßtoleranz ΔR_T muß jedoch an der räumlichen Diagonale zwischen den Anschlußdrahtenden gemessen werden. Der Winkel zwischen der räumlichen Diagonalen und dem Lochraster auf der Leiterplatte soll im Folgenden mit β be-

zeichnet werden. Der Toleranzwinkel α_{T1} muß in der Projektion der um β gedrehten Seitenansicht gemessen werden. Der für den Fügevorgang relevante Kippwinkel α_{KR} ergibt sich dann zu:

$$\sin \alpha_{KR} = \sin \alpha_K * \cos \beta \qquad (6.10)$$

6.3 Praktische Untersuchung des entwickelten Verfahrens

Für die praktische Untersuchung des entwickelten Verfahrens wurde ein SCARA der Firma Adept Technology mit integriertem Bildverarbeitungssystem ausgewählt und entsprechend mit der CCD-Kamera, einem Umlenkspiegel und einer Hintergrundbeleuchtung ausgerüstet.
Als Bestückgreifer wurde ein Prototyp gebaut, an dem der Kippwinkel zwischen 3 bis 12° von der Senkrechten stufenlos verstellt werden kann.

6.3.1 Fügegenauigkeit

Um das entwickelte Toleranzausgleichsverfahren beim Fügen der Bauelemente auf seine Eignung hin zu überprüfen, wurde die Genauigkeit des Sensorsystems und die sich daraus ergebende Genauigkeit bei der Bestückpunktskorrektur mit einem Laserscanner (Genauigkeit $\pm$ 1 μm) nachgemessen. Für die Messung wurden zwei Versuchsreihen durchgeführt.

6.3.1.1 Genauigkeit des Sensorsystems

Ein Widerstandsarray mit 10 Anschlußdrähten in Reihe mit einem Rastermaß von 2,54 mm wurde exzentrisch aus der Be-

reitstellung gegriffen. Während der Roboterbewegung zum Laserscanner wurden die Abstände zwischen den Anschlußdrähten
vermessen und eventuell fehlende Anschlußdrähte registriert.
Diese Meßwerte wurden mit den im Laserscanner gemessenen Wer-
ten verglichen. Die Abweichungen zwischen den Meßwerten der
Bilderkennung und den Istwerten - gemessen durch den Laserscanner - waren gleichverteilt und geringer als 0,02 mm.

6.3.1.2 Genauigkeit der Bestückpunktskorrektur

An einem rotationssymmetrischen radialen Bauelement mit zwei
Anschlußdrähten wurde ein Anschlußdraht entfernt. Das Bauelement wurde mit beliebiger Orientierung um die z-Achse exzen-

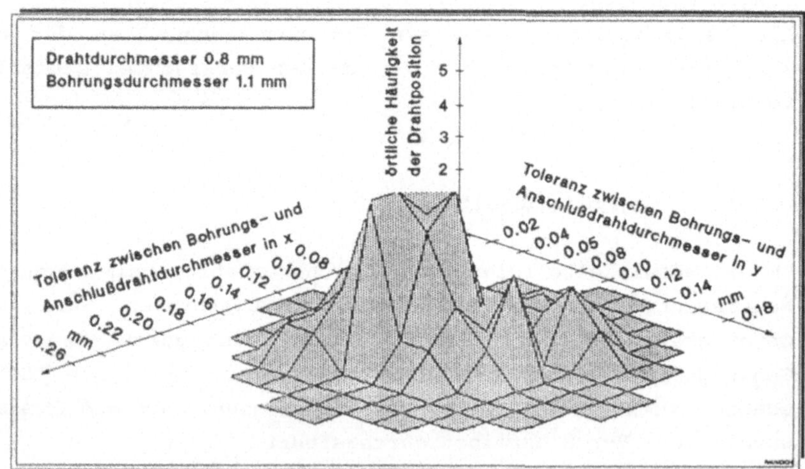

Bild 6.10: Örtliche Häufigkeit der mit dem Industrieroboter
um die mit dem Sensorsystem ermittelten Bauteil-
und Greiftoleranzen korrigiert angefahrenen Bestückpunkte über der Toleranzfläche der Leiterplattenbohrung

trisch an der Bereitstellung gegriffen, auf dem Weg zum Laserscanner vermessen, und der Anschlußdraht wurde aufgrund der errechneten Korrektur immer an denselben Ort im Laserscanner positioniert. Der verwendete Industrieroboter besitzt eine Wiederholgenauigkeit von ± 0.05 mm. Bild 6.10 zeigt die örtliche Häufigkeit der mit dem Industrieroboter um die mit dem Sensorsystem ermittelten Bauteil- und Greiftoleranzen korigiert angefahrenen Bestückpunkte über der Toleranzfläche der Leiterplattenbohrung. Das Diagramm zeigt, daß innerhalb der Meßreihe die maximale Abweichung vom Sollbestückpunkt ± 0,1 mm betrug, so daß der Anschlußdraht ohne Berührung einer Lochkante in die Leiterplatte gefügt werden konnte.

6.3.2   <u>Fügesicherheit der Fügestrategie mit gekipptem Greifer in Anhängigkeit vom eingestellten Kippwinkel</u>

In einer weiteren Versuchsreihe wurde der Kippwinkel des Greifers zwischen 3° und 12° variiert und 100 Bauelemente mit einem Rastermaß von 5 bzw. 10 mm und einer Anschlußdrahtdicke von 0,6 bzw. 0,8 mm in eine Leiterplatte mit einem Bohrungsdurchmesser von 1,1 mm gefügt. Die im Schüttgut angelieferten Bauelemente wiesen normalverteilte Toleranzen auf. Bild 6.11 zeigt die prozentuale Fügesicherheit in Abhängigkeit vom Kippwinkel des Greifers und den Bauteilgeometrien. Die Fügeunsicherheit bei Kippwinkeln kleiner als 5° ist auf geometrische Formen der Anschlußdrähte und der Leiterplattenbohrungen zurückzuführen. Aufgrund der geringen möglichen Eintauchtiefe führen Fasen an den Fügestellen zu einem Abgleiten des zuerst gefügten Anschlußdrahtes beim Richtvorgang. Die Fügeunsicherheit bei den Bauelementen mit 10 mm Rastermaß und einem Kippwinkel von mehr als 10° ist die experimentelle Bestätigung der Theorie des maximalen Kippwinkels (Bild 6.8).

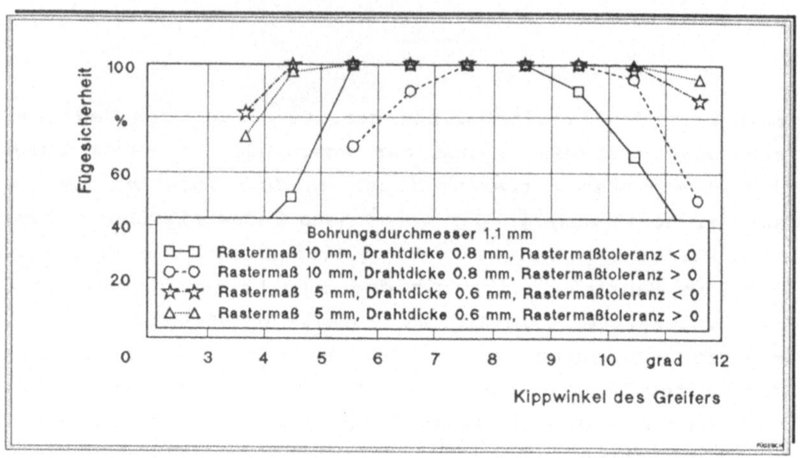

Bild 6.11: Prozentuale Fügesicherheit in Abhängigkeit vom Kippwinkel des Greifers und der Bauteilgeometrie

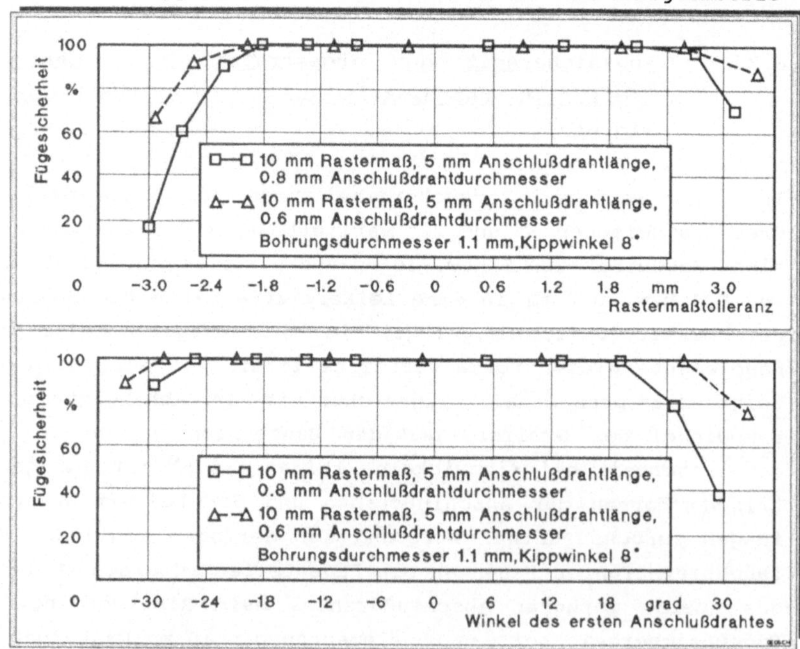

Bild 6.12: Fügesicherheit in Abhängigkeit von den Bauteiltoleranzen.

6.3.3   <u>Fügesicherheit in Abhängigkeit von den Bauteiltoleranzen</u>

In einer weiteren Versuchsreihe wurden Bauelemente mit einem Rastermaß von 10 mm und einer Anschlußdrahtdicke von 0,8 mm und einer Anschlußdrahtlänge von 5 mm systematisch mit Toleranzen behaftet und in eine Leiterplatte mit 1,1 mm Bohrungsdurchmesser bestückt. Der Kippwinkel betrug 8°.

Bild 6.12 zeigt die Fügesicherheit in Abhängigkeit von den Bauteiltoleranzen. Auch hier bestätigt sich experimentell die Theorie des maximalen Toleranzausgleichs.

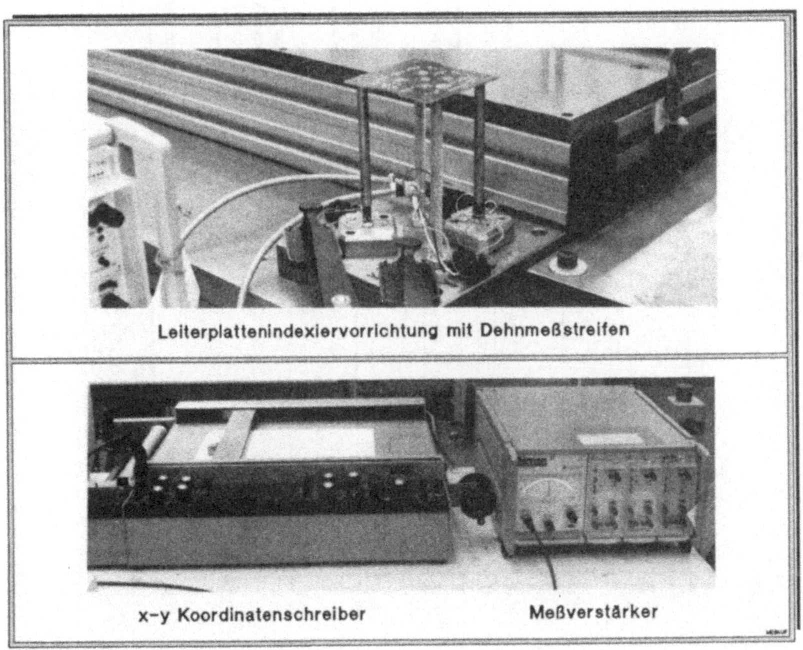

Bild 6.13: Meßaufbau zur Ermittlung der Fügekräfte

6.3.4 Fügekräfte

Zur Messung der Fügekräfte quer zur Bestückrichtung wurde
eine Leiterplattenindexiervorrichtung mit Dehnungsmeßstreifen
in den Indexierbolzen aufgebaut (Bild 6.13).
Mit einer Halbbrücke und einem Koordinatenschreiber konnten
die Kräfte in x und y beim Bestücken aufgenommen werden. Erste Messungen ergaben, daß aufgrund der Fügestrategie die
Kräfte quer zur Verbindungslinie der relevanten Leiterplattenbohrung vernachlässigbar sind.

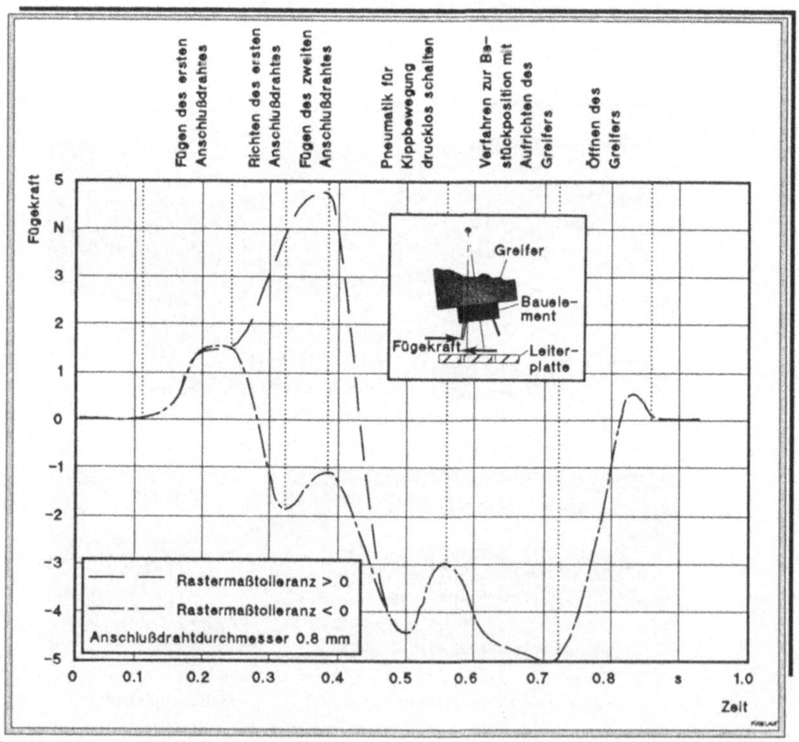

Bild 6.14: Fügekraftverlauf mit Zuordnung der Fügeabschnitte
über der Zeit

Für die Kräfte längs der Verbindungslinie zeigt Bild 6.14 einen typischen Fügekraftverlauf mit Zuordnung der Fügeabschnitte.

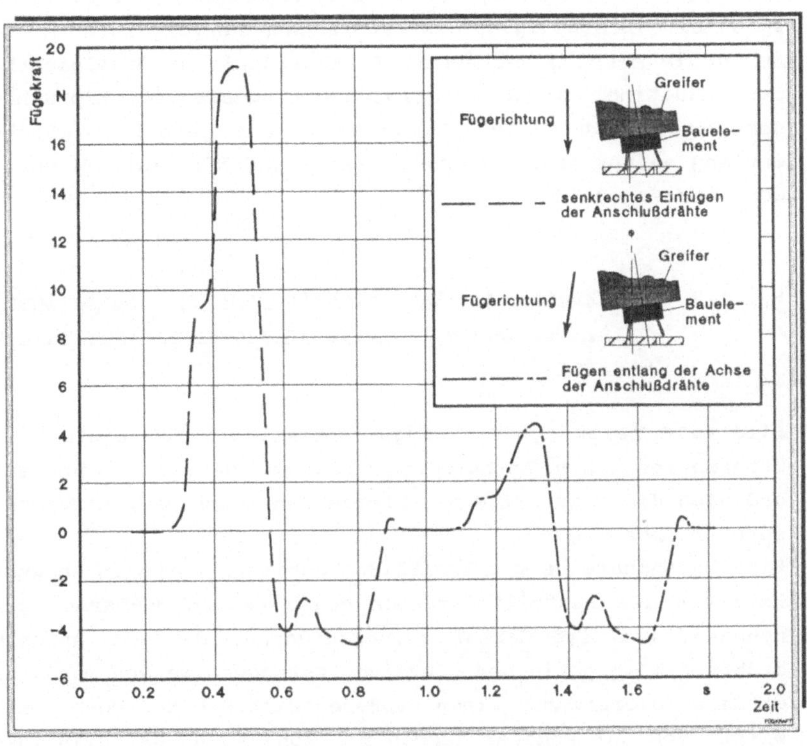

Bild 6.15: Unterschiedliche Fügestrategien mit ihren Fügekraftverläufen

6.3.4.1 Minimierung der Fügekräfte durch Optimierung der Fügestrategie

Die zu Beginn verfolgte Fügestrategie des senkrechten Einfügens der gekippten Anschlußdrähte in die Leiterplattenbohrungen ergab eine Kraftspitze beim Fügevorgang, die möglicherweise eine Beschädigung des Bauelements hervorgerufen hätte. Durch die Messung der Anschlußdrahtwinkel zum Bauelementkörper, Addition bzw. Subtraktion des eingestellten Kippwinkels des Greifers und eine Fügebewegung des jeweiligen Drahtes entlang seiner Achse konnten diese Fügekräfte auf 1/4 verringert werden (Bild 6.15).

6.3.4.2 Fügekräfte in Abhängigkeit von der Bauteilgeometrie, den Bauteiltoleranzen und dem Kippwinkel des Greifers

Bild 6.16 zeigt typische Fügekraftverläufe für Bauteile mit unterschiedlichen Anschlußdrahtdurchmessern. Es zeigt sich, daß sich die Fügekräfte mit steigenden Anschlußdrahtdurchmessern erhöhen.
Eine Versuchsreihe zur Ermittlung der Fügekräfte in Abhängigkeit von den Bauteiltoleranzen ergab keinen meßbaren Zusammenhang. Das ist darauf zurückzuführen, daß die Anschlußdrähte im plastischen Bereich verbogen werden und eine größere Toleranz nur einen größeren Richtweg des Roboters bewirkt, den der Roboter jedoch mit konstanter Geschwindigkeit ausführt. Bei großen Toleranzen wächst der Zeitraum über den die Kraft auf den Anschlußdraht aufgebracht wird. Die Höhe der Kraft bleibt jedoch konstant.
Veränderungen des Kippwinkels ergaben qualitativ dieselbe Aussage wie die des Diagramms über die Fügesicherheit (Bild 6.11). Bei Kippwinkeln, die kleiner als der maximal erlaubte

Kippwinkel waren, hatte der Kippwinkel keine Auswirkung auf
die Fügekräfte. Bei Kippwinkeln nahe des maximalen Kippwinkels oder darüber ergaben sich Fügekraftspitzen, die auf das
Anstoßen der Anschlußdrähte an den Bohrungswänden der Leiterplatte zurückzuführen sind. Der Zeitraum des Greiferaufrich-
tens wächst proportional mit der Größe des Kippwinkels. Die
Kraft ist jedoch auch hier konstant.

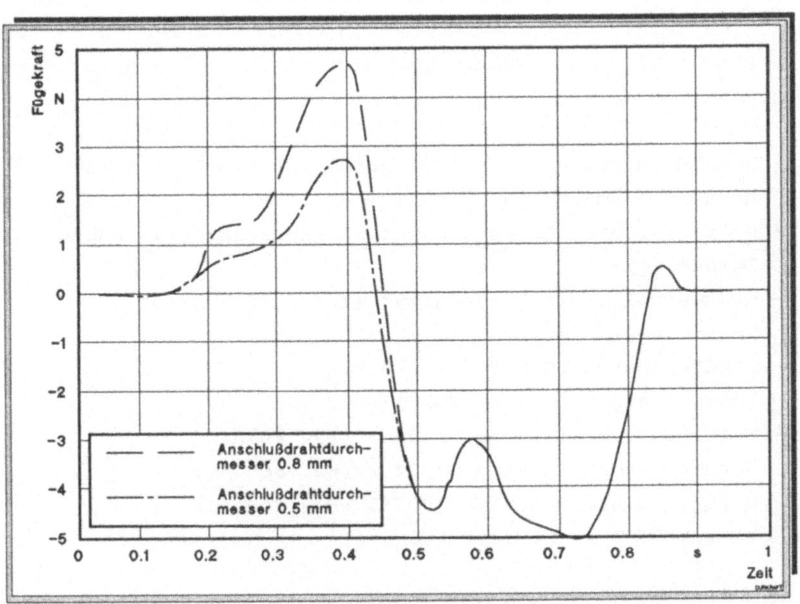

Bild 6.16: Fügekraftverläufe bei unterschiedlichen Anschlußdrahtdurchmessern

7   Versuchsaufbau zum Bestücken von Leiterplatten in
        Kleinserien

7.1   Gesamtaufbau

Zur Erprobung der entwickelten Konzepte und Verfahren zum
Bestücken von Leiterplatten in Kleinserien wurde eine Pilotanlage aufgebaut. Die Pilotanlage ist als Mehrrobotersystem mit einem Handhabungsroboter zum Umrüsten der Zelle
und einem Bestückroboter ausgerüstet. Neben den neu entwik-
kelten Teilsystemen wurden zur Realisierung der in Kapitel
6 entwickelten Verfahren folgende marktgängige Komponenten
eingesetzt:

- Handhabungsroboter aus Linearachsen HLE 150 mit Hauser-
  Achssteuerungen (Fa. Hauser)
- Montageroboter Adept One mit MS-Steuerung (Fa. Adept
  Technology)
- Grauwertbildverarbeitungssystem XGS (Fa. Adept
  Technology)
- 2 CCD-Kameras TM 540 (Fa. Pulnix)
- Lötwerkzeug RGL1 (Fa. Wolf)
- Werkzeugwechselsystem Größe 1 (Fa. Fein)
- Werkzeugwechselsystem Größe 2 (Fa. Schunk)
- 3 Parallelbackengreifer GP 45 (Fa. Sommer)
- PC Vektra (Fa. Hewlett Packard)

Das nach den Ergebnissen aus Kapitel 5 entwickelte Konzept
des parallel zum Montageprozeß durchgeführten Umrüstens bedingt entkoppelte Arbeitsräume für den Handhabungsroboter
und den Bestückroboter.
Bild 7.1 zeigt das Layout und die Realisierung der Bestückzelle. Die symmetrische Anordnung im Arbeitsraum des Bestückroboters ermöglicht das autarke Arbeiten des Bestück-

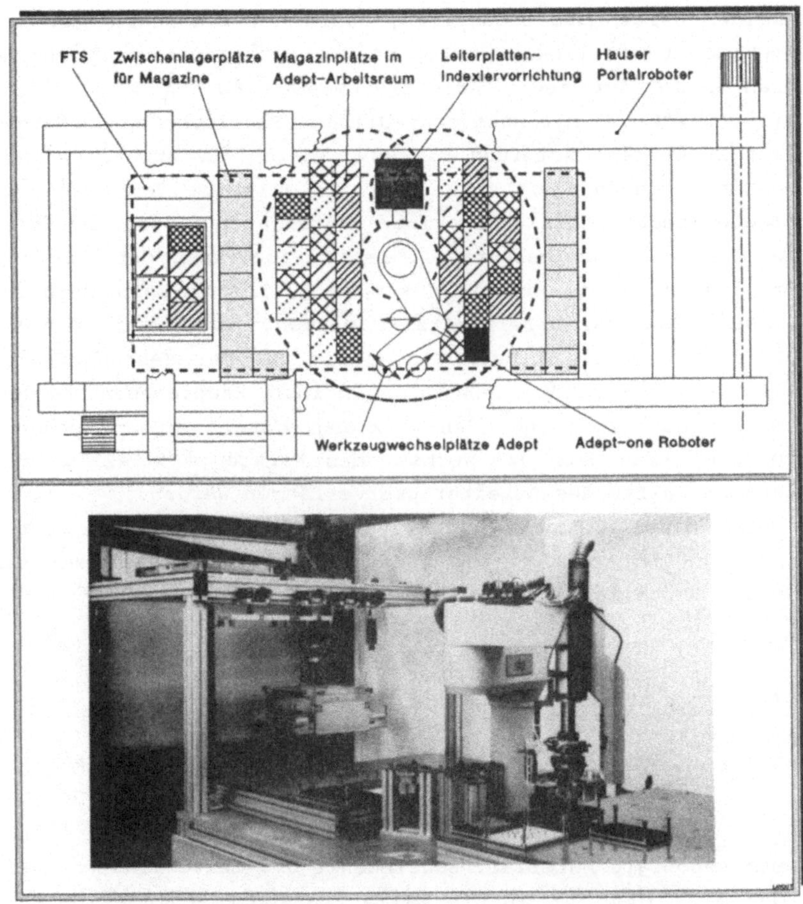

Bild 7.1: Layout und Realisierung der Bestückzelle

roboters in jeder Arbeitsraumhälfte und das parallele Umrüsten der anderen Arbeitsraumhälfte. Zu diesem Zweck ist
die Werkzeugwechselvorrichtung und die Bestückfläche von

beiden Seiten aus zugänglich, damit der Bestückroboter un-
gehindert von links und rechts den Montageprozeß durchfüh-
ren kann. Auf jeder Arbeitsraumseite können 16 Magazine
(150 x 200 mm) mit unterschiedlichen Bauelementen bereitgestellt werden. Aufgrund der stapelbaren Ausführung der Magazine können auf einem Bereitstellplatz bei größerem
Bauteilbedarf zwei Magazine übereinander bereitgestellt
werden. Auf den Bereitstellplätzen außerhalb des Arbeitsraumes des Bestückroboters können 10 Leiterplattenmagazine
(200 x 300 mm) bereitgestellt werden. Auch hier kann die
Kapazität durch Stapeln erhöht werden. Der Bestückroboter
ist so angeordnet, daß seine beiden Hauptachsen in der
Nullgradstellung über den Werkzeugwechselmagazinen stehen.
Dadurch kann nach dem Wechsel des Werkzeugs direkt in die
andere Hälfte des Arbeitsraums verfahren werden.
Durch diese Maßnahme ist es möglich Leiterplatten zu bestücken und parallel die andere Arbeitsraumhälfte auf ein
neues Bauteilspektrum umzurüsten /36, 37/.

7.2 Arbeitsablauf

7.2.1 Bereitstellen von Material, CAD-Daten und Robo-
terprogrammen

Das benötigte Material, Bauelemente und Leiterplatten, werden mit einem FTS in die Zelle transportiert. Der Handhabungsroboter entnimmt die Transportpalette mit neuen Teilen
vom FTS und übergibt eine fertigbearbeitete Transportpalette an das FTS. Nach einem Greiferwechsel ordnet der Portalroboter die Bauteilmagazine in der freien Hälfte des Arbeitsraumes des Montageroboters an. Nach dem Einwechseln
der Kamera werden Position und Orientierung der Bauelemente
auf den Magazinen vermessen und abgespeichert. Parallel zur

Bild 7.2: Arbeitsschritte beim Rüstvorgang

Materialanlieferung werden die CAD-Daten der Leiterplatte und der Bauelemente vom Leitrechner an den Zellenrechner übermittelt. Der Zellenrechner gibt diese Daten an die MS-Steuerung weiter. Die MS-Steuerung generiert aus den CAD-Daten der Leiterplatte die Bestückpunkte und sucht aus den abgespeicherten Positionsdaten der bereitgestellten Bauelemente die von der Entfernung her optimalen Abholpunkte der jeweiligen Bauelemente. In Verbindung mit den CAD-Daten der Bauelemente wird ein vollständiges Bestückprogramm generiert.
Diese Rüstvorgänge werden alle parallel zur Abarbeitung des vorhergehenden Auftrages in der anderen Arbeitsraumhälfte durchgeführt.

7.2.2 Bestücken der Leiterplatte

Nach Erstellen des Roboterprogramms, des Einlegens der Leiterplatte in die Indexiervorrichtung durch den Handhabungsroboter und der Auftragsfreigabe durch den Zellenrechner greift der Montageroboter in der entsprechenden Reihenfolge die Bauelemente, vermißt auf dem Weg zur Leiterplatte die räumliche Orientierung der Anschlußdrähte und entscheidet sich je nach Toleranz für die eine der beiden Fügestrategien und errechnet die optimale Fügebewegung, bzw. sondert das Bauteil aus und greift ein Ersatzbauteil. Wird die Einzellötung der Anschlußdrähte verlangt, errechnet sich die MS-Steuerung nach jeder erfolgreichen Bestückung eines Bauelements aufgrund der CAD-Daten von Leiterplatte und Bauelement die erforderlichen Lötpunktkoordinaten. Direkt anschließend an die Bestückung wird die Leiterplatte in der Indexierstation gewendet und der Montageroboter lötet die Bauelemente mit dem Lötwerkzeug fest.

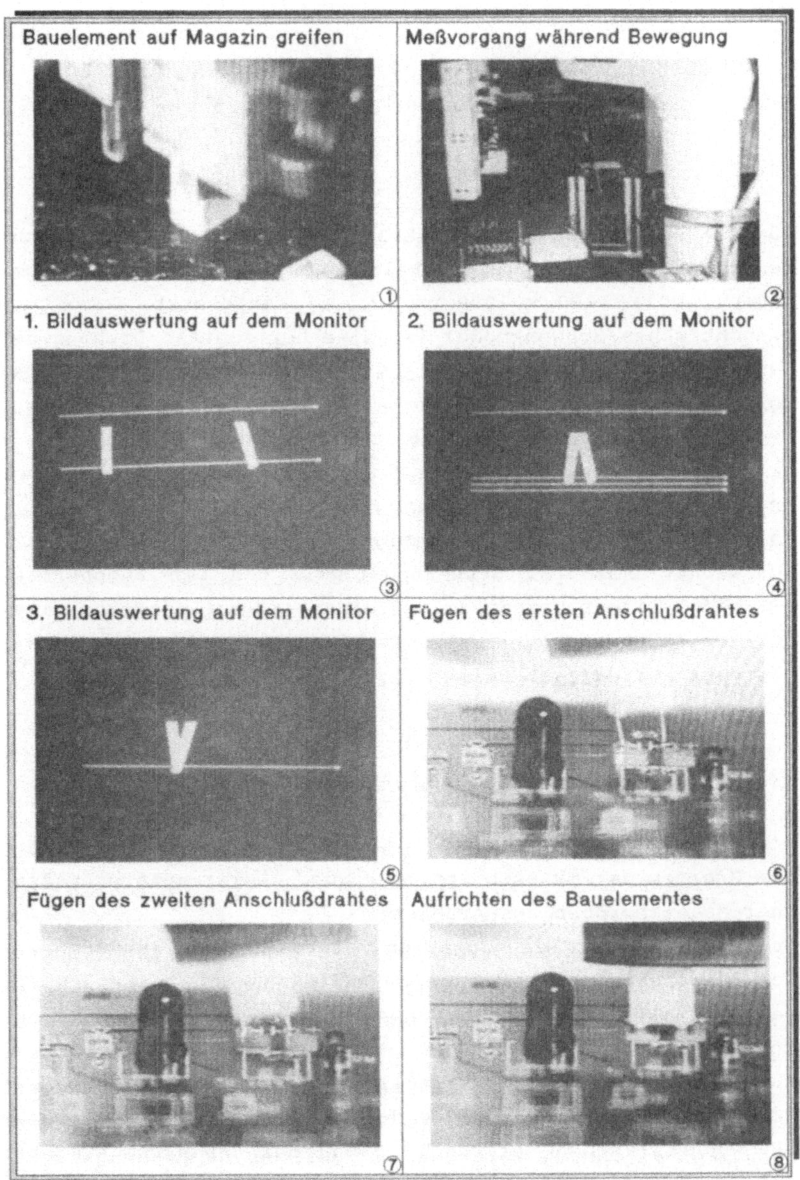

Bild 7.3: Arbeitsschritte beim Montagevorgang

7.3 Mechanischer Aufbau

7.3.1 Handhabungsroboter

Für die Rüstvorgänge in der Zelle wird ein aus 3 Linearach-
sen modular aufgebauter Portalroboter mit den Arbeitsraum-
maßen 3000 x 1300 x 1300 mm (x,y,z) eingesetzt. Durch ein
pneumatisches Schwenkmodul ist eine horizontale Drehung der
Handachse um $\pm$ 90 $^{\circ}$ möglich. An der Handachse ist das
Werkzeugwechselsystem der Firma Fein angeflanscht, das zwei
Druckluftanschlüsse für die Greifer und 10 elektrische
Signalschnittstellen für die CCD-Kamera aufweist. Die Achs-
en des Portalroboters werden von Achssteuerungsmodulen in
Geschwindigkeit, Beschleunigung und Positionsinkrementen
überwacht. Die drei Steuerungsmodule und ein zugehöriges
SPS-Modul liegen gemeinsam auf einem IEC-Bus, der von einem
auf dem Zellenrechner implementierten Bewegungsprogramm an-
gesteuert wird (s.a. Bild 7.7).

7.3.1.1 Werkzeuge des Handhabungsroboters

Der Handhabungsroboter ist mit drei Parallelbackengreifern
zum Greifen der Transportpaletten und zweier unterschiedlicher Magazingrößen ausgerüstet.
Zum Einlegen der Leiterplatten ist ein doppelter Sauggrei-
fer vorgesehen, der in einem Arbeitsgang den Austausch einer bestückten gegen eine unbestückte Leiterplatte in der
Indexierstation ermöglicht.
Zum Vermessen der Bereitstellpositionen auf dem Magazin
wurde eine CCD-Kamera TM 540 der Fa. Pulnix mit einem Werkzeugwechselflansch versehen, so daß der Handhabungsroboter
bei Bedarf die Kamera einwechseln kann.

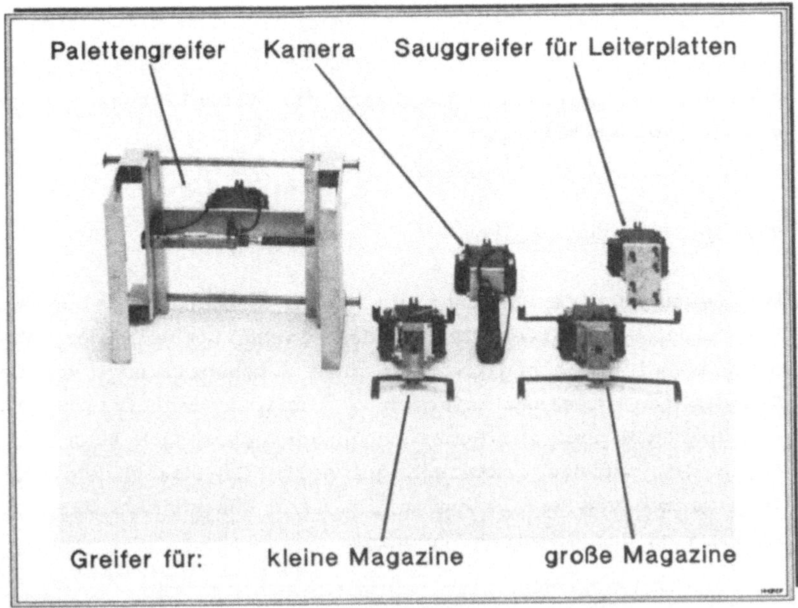

Bild 7.4: Werkzeuge des Handhabungsroboters

7.3.2   Bestückroboter

Als Bestückroboter wird ein vierachsiger Horizon-
talschwenkarmroboter Adept One eingesetzt. Dieses Gerät erfüllt mit einer Wiederholgenauigkeit von ± 0.05 mm, einer
Traglast von 50 N und einer Bahngeschwindigkeit von bis zu
9000 mm/s die Anforderungen an Genauigkeit und Takt-
zeitminimierung, und bietet durch die Option des integrier-
ten Bildverarbeitungssystemes die Möglichkeit der zur Roboterbewegung parallelen Bildverarbeitung. Durch eine Voll-
kreisfläche als vertikale Projektion des Arbeitsraumes wird
die symetrische Anordnung des Layouts ermöglicht. An dem
Bestückroboter ist das Werkzeugwechselsystem der Firma
Schunk mit 4 Druckluftanschlüssen und 14 elektrischen Signalschnittstellen angeflanscht, so daß sowohl der Bestück-

greifer wie auch das Lötwerkzeug für Einzellötungen ange-
steuert werden können.

7.3.2.1 Bestückgreifer

Der Bestückgreifer besteht aus einem schwenkbar gelagerten
Parallelbackengreifer GP 45 der Firma Sommer, der über
einen Hebel und einen pneumatischen Kurzhubzylinder von der
Senkrechten in einem zwischen 4 $^\circ$ und 12 $^\circ$ stufenlos ein-
stellbaren Winkel zur Senkrechten gekippt werden kann.
Durch die geringe zentrisch gelagerte Drehmasse des Grei-
fers werden vom Bauelement nur geringe Rückstellkrafte beim
Aufrichten des Greifers benötigt.

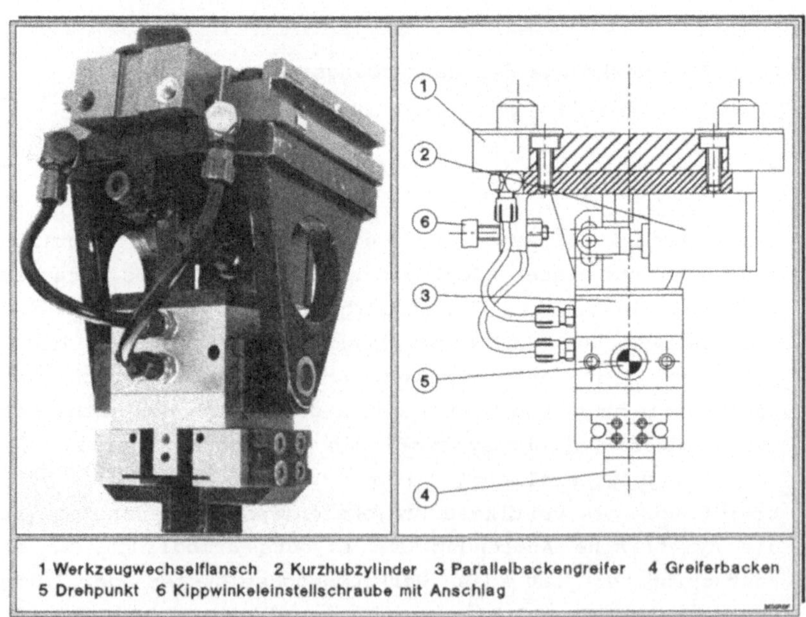

1 Werkzeugwechselflansch 2 Kurzhubzylinder 3 Parallelbackengreifer 4 Greiferbacken
5 Drehpunkt 6 Kippwinkeleinstellschraube mit Anschlag

Bild 7.5: Bestückgreifer

7.3.3 Peripheriekomponenten

Die Bereitstellfläche für Magazine innerhalb der Zelle ist durch zwei PVC-Platten im Maß von 1250 x 800 mm mit In-dexierbohrungen für die Magazine realisiert.

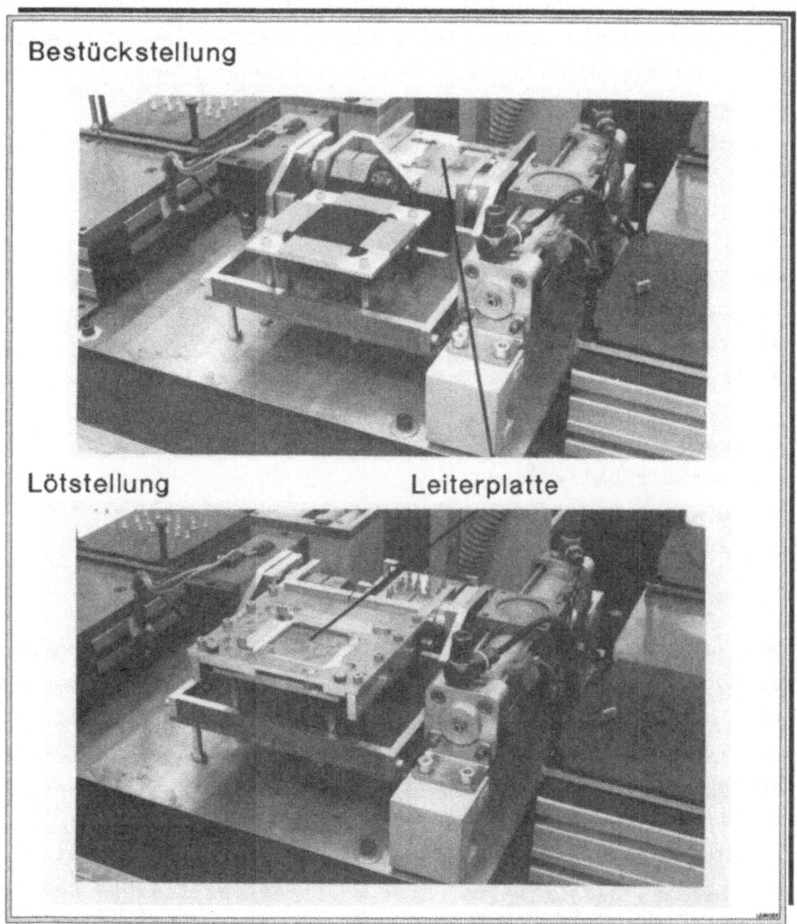

Bild 7.6: Leiterplattenindexierstation

Die Leiterplatte wird während der Bestückung in einer Indexierstation gespannt. Um auf eine handelsübliche aber kostenintensive Leiterplattenindexierung mit programmierbarem Unterwerkzeug zum Umbiegen der Anschlußdrähte zu verzichten, ist die Indexierstation mit einem Bauelementniederhalter aus Schaumstoff ausgerüstet, so daß nach dem Bestückvorgang die Leiterplatte mit Bauteilen gewendet werden kann und die Bauteile mit dem Lötwerkzeug festgelötet werden können (Bild 7.6).

7.4   Steuerung

Die Synchronisation des Gesamtsystems übernimmt der Zellenrechner PC-Vektra von Hewlett Packard. Er ist über ein Breitband-LAN von Allen Bradly mit dem Leitrechner zur Übermittlung folgender Daten vernetzt /26/:

- Materialanlieferung
- Materialrücklieferung
- CAD-Daten von Leiterplatte und Bauelementen
- Auftragshorizont
- Zellenstatus.

Der Zellenrechner steuert über implementierte Bewegungsprogrammodule den Handhabungsroboter. Diese Bewegungsprogramme sind bauteil- und leiterplattenneutral und nur speziell für das Layout der Bestückzelle geschrieben. Je nach aktueller Rüstaufgabe, gesteuert durch Materialanlieferung, Materialrücklieferung, Materialverwaltung und Bestückauftrag, werden die Bewegungsprogramme mit in der Steuerung gespeicherten layout- bzw. magazin- oder palettenspezifischen Handhabungsroboterkoordinaten gekoppelt und ausgeführt. Eine produktspezifische Pogrammierung des Handhabungsroboters fin-

det unter der Voraussetzung der Verwendung von genormten Leiterplattenformaten nicht statt.
Die Verwaltung der in der Zelle befindlichen Materialien wird ebenfalls vom Zellenrechner durchgeführt. Zusätzlich kommuniziert der Zellenrechner mit der MS-Steuerung des

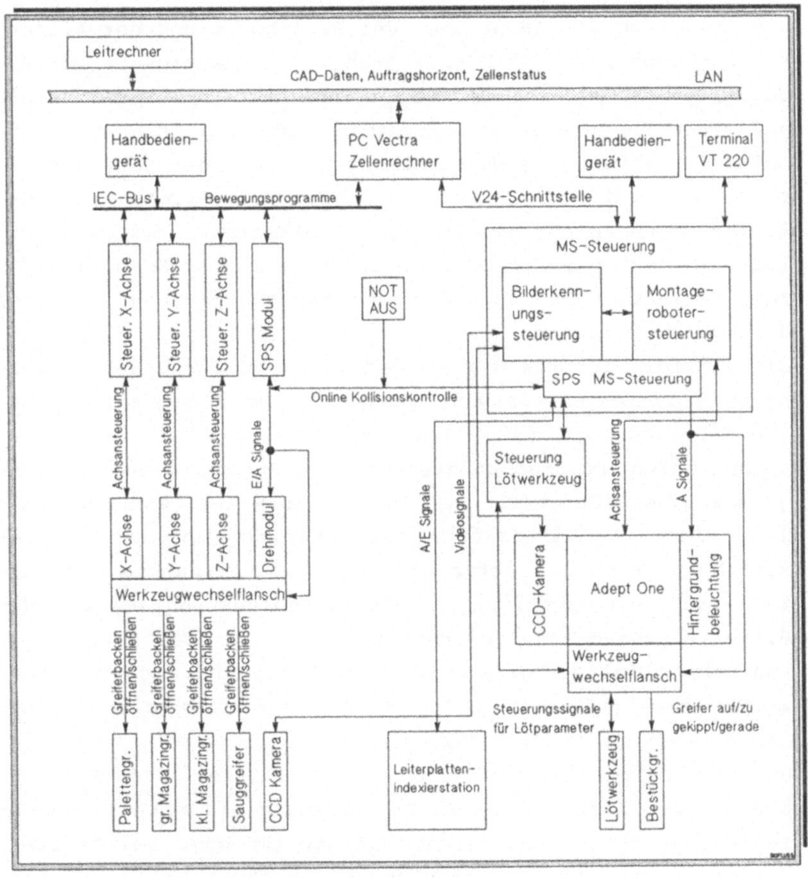

Bild 7.7: Signalflußplan der Anlage

Adept One zur Übermittlung von CAD-Daten, Auftragsstand und Synchronisierung des Bilderkennungssystems mit der Kamera am Handhabungsroboter. Der Zellenrechner kontrolliert vor jedem Bewegungsbefehl an die Roboter, ob sich die für die Bewegung benötigten Arbeitsraumbereiche nicht überschneiden. Die Programmierung des Zellenrechners ist in der Sprache "C" ausgeführt.

Die Steuerung des Adept One, der Peripherie und der Bilderkennung übernimmt die MS-Steuerung. Die Steuerungen von Roboter und Bilderkennung liegen innerhalb der MS-Steuerung auf einem Bus und werden in einem zentralen Rechner verarbeitet. Aufgrund der Multitaskingfähigkeit des Betriebssystems "V^+" ist es möglich die Roboterbewegungen und das Bilderkennungsprogramm zu synchronisieren. Mit weiteren Tasks kann die Peripherie gesteuert und die Kommunikation zum Zellenrechner und die Programmgenerierung parallel durchgeführt werden.

Die speziell für die Möglichkeiten der MS-Steuerung entwickelte Programmgenerierung, generiert aus einem aufbereiteten CAD-Datensatz (Bild 7.8) und bauteil- und leiterplattenneutralen Programmbausteinen die Bestück- und Lötprogramme. Diese Programme werden auch innerhalb von Losen für jede einzelne Leiterplatte neu generiert und nicht abgespeichert. Dies ist notwendig, da die Greifpunkte der Bauteile auf den Magazinen für jedes Bestückprogramm aus den Bilderkennungsdaten neu ermittelt werden müssen (Bild 5.1). Dadurch entfällt die Programmverwaltung und -pflege. Verwaltet und gepflegt werden müssen nur die aufbereiteten CAD-Datensätze (Bild 7.8).

Unabhängig vom Zellenrechner kontrollieren die Robotersteuerungen über binäre Signale ständig die aktuell durchfahrenen Arbeitsraumbereiche auf Überlappung. Bei Kollisionsgefahr kann die MS-Steuerung die gesamte Zelle auf Not-Aus schalten.

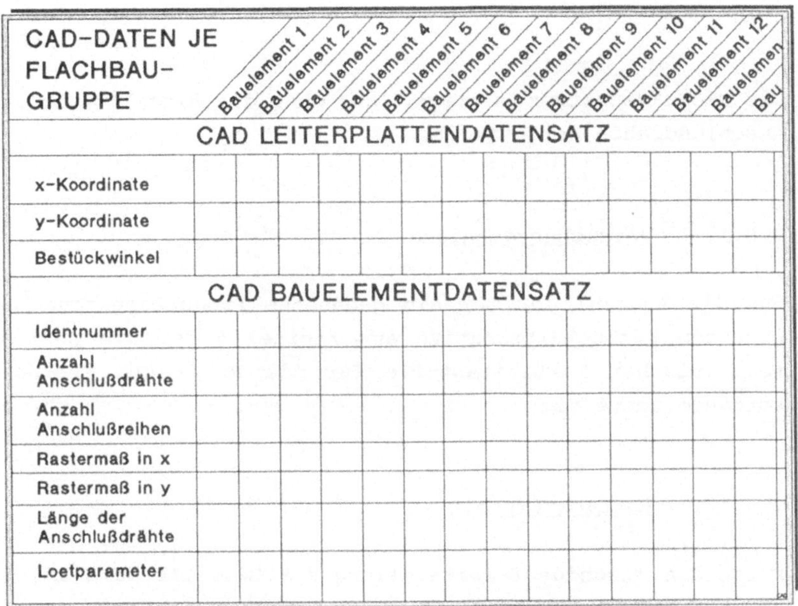

CAD-DATEN JE FLACHBAU-GRUPPE	Bauelement 1	Bauelement 2	Bauelement 3	Bauelement 4	Bauelement 5	Bauelement 6	Bauelement 7	Bauelement 8	Bauelement 9	Bauelement 10	Bauelement 11	Bauelement 12	Bau
CAD LEITERPLATTENDATENSATZ													
x-Koordinate													
y-Koordinate													
Bestückwinkel													
CAD BAUELEMENTDATENSATZ													
Identnummer													
Anzahl Anschlußdrähte													
Anzahl Anschlußreihen													
Rastermaß in x													
Rastermaß in y													
Länge der Anschlußdrähte													
Loetparameter													

Bild 7.8: Benötigte CAD-Daten je Flachbaugruppe

7.5 Versuche mit der Pilotanlage

Der Versuchsaufbau wurde im Dauerbetrieb über 80 Stunden getestet. Das Produktspektrum bestand aus 5 unterschiedlichen Leiterplatten und folgendem Bauteilspektrum:

- intergrierte Schaltkreise mit 14 bzw. 16 Anschlußdrähten (4 Varianten)
- radiale LED (6 Varianten in Form und Farbe)
- axiale Widerstände (10 elektrische Varianten)
- axiale Diode (1 Variante)
- Blockkondensatoren (5 Varianten in Form und elektrischem Wert)
- Steckerleiste (1 Variante)
- Tippschalter (1 Variante)
- Schiebeschalter (1 Variante)
- Hybride mit 10 Anschlußdrähten (2 Varianten)

Das Produktspektrum wurde mit und ohne die Einzellötung der Anschlußdrähte hergestellt.

7.5.1   <u>Versuchsergebnisse</u>

Für die Auswahl der für ein gegebenes Produktspektrum geeigneten Konzeptalternative aus Kapitel 5 ist die Messung realistischer Taktzeitanteile für die Rüst- und Bestückvorgänge notwendig.

7.5.1.1   <u>Bestücktaktzeit</u>

Durch die flächige Bereitstellung der Bauteile wird im Gegensatz zu den meisten bekannten Lösungen der gesamte Arbeitsraum des Bestückroboters als Bereitstellfläche genutzt. Dadurch muß der Bestückroboter zwischen der Bereitstellung und der Leiterplatte zum Teil große Wege zurücklegen. Durch die hohe Bahngeschwindigkeit des Roboters kann jedoch die negative Auswirkung auf die Taktzeit in Grenzen gehalten werden. Da jedoch die Bereitstellpunkte der Bauelemente und die Bestückpunkte auf der Leiterplatte vor der Programmgenerierung nicht bekannt sind, können die Geschwindigkeiten vorher nicht optimiert werden. Ein on line -Geschwindigkeitsoptimierungsmodul errechnet für die Verfahrbewegung zum Magazin die optimale Geschwindigkeit und für die Verfahrbewegung zur Leiterplatte die Geschwindigkeit, die es dem Bilderkennungssystem ermöglicht, parallel die Toleranzmessung durchzuführen. Dadurch entsteht zwischen der kürzesten Bereitstellungsdistanz und der am weitesten entfernten ein Taktzeitunterschied von nur 0,3 s. Bei der Fügestrategie mit gekipptem Greifer wird eine um 0,4 s längere Taktzeit gegenüber dem senkrechten Fügen benötigt, sodaß die Bestücktaktzeit zwischen 3,3 s (kürzester Bereitstellentfernung, senkrechtes Fügen) und 4s (weiteste Bereitstellentfernung, Fügen mit gekipptem Greifer) variiert. Die mittlere Bestücktaktzeit über den Versuchszeitraum betrug 3,6 s.

7.5.1.2 <u>Taktzeitanteile der Rüstvorgänge</u>

Die Rüstvorgänge teilen sich auf in das Be- und Entladen des FTS, Verteilen der Leiterplatten und Bauteilmagazine im Arbeitsraum des Bestückroboters, Abräumen der nicht mehr benötigten teilentleerten oder leeren Bauteilmagazine und Magazine mit fertigbestückten Leiterplatten auf eine leere Palette, Erkennung von Lage und Orientierung der Bauteile auf den Bauteilmagazinen und die Handhabung der Leiterplatten in der Zelle.
Um die Taktzeitanteile des Portalroboters für Greiferwechsel und FTS Be- un Entladung auszunutzen sollten vom FTS nur volle Paletten mit 8 Magazinen angeliefert werden. Die Rüstzeiten setzen sich dann wie folgt zusammen:

Palettengreifer auf- und ablegen	25 s
FTS be- und entladen	65 s
Magazingreifer auf- und ablegen	20 s
8 Magazine ent- und versorgen	240 s
Kamera auf- und ablegen	20 s
8 Magazine vermessen	80 s
Synchronisations- und Wartezeiten	<u>30 s</u>
Rüstzeit für 8 Magazine	480 s
Rüstzeit pro Magazin	60 s

Bei einem Bauteilspektrum mit durchschnittlich drei Anschlußdrähten setzt sich die Montagetaktzeit aus 3,6 s Bestücktaktzeit und 12 s Löttaktzeit zusammen. Damit der Portalroboter mit dem Bestückroboter schritthalten kann, müssen pro Magazin mindestens 4 Bauelemente bestückt und gelötet oder mindestens 16 Bauelemente bestückt werden.

Werden Einzelleiterplatten mit im Mittel weniger als 4 Bauelementen pro Typ bestückt und gelötet oder 16 Bauelemente bestückt, so müssen solche Aufträge parallel zu größeren Losen von Leiterplatten auf der anderen Arbeitsraumfläche als "Model Mix" dazwischen geschoben werden.

Sollen Leiterplatten mit mehr als 16 Bauelementtypen (diese Anzahl von Magazinen kann in einer Arbeitsraumhälfte untergebracht werden) bestückt werden, so müssen die weiteren Typen in der anderen Arbeitsraumhälfte untergebracht werden.

Durch wechselseitiges Umrüsten kann dann eine Leiterplatte falls erforderlich mit einer unbegrenzten Anzahl von Bauelementtypen und -varianten bestückt werden.

7.5.2   Störungen

Störungen die zum Ausschuß von intakten Bauelementen (7% aller Bestückvorgänge) führten, waren fast ausschließlich auf fehlerhafte Bildererkennung, hervorgerufen durch ungünstige Lichtverhältnisse, zurückzuführen.

Trotz des in Kapitel 6.1.4 entwickelten Beleuchtungs- und Filterverfahrens traten bei extrem schnellen Beleuchtungsschwankungen Störungen bei der Erkennung der Anschlußdrähte auf, die dazu führten, daß 60% der als Ausschuß erkannten Bauelemente tatsächlich kein Ausschuß waren. Eine Störfallanalyse ergab, daß ein nur vor der jeweiligen Bestücksequenz durchgeführtes Testbild mit Kontrastauswertung zur Ermittlung des optimalen Schwellwertes für die Bilderkennung nicht ausreicht. Das Program wurde dahingehend ge-

ändert, daß auf jedem Rückweg von der Leiterplatte zum
nächsten Bereitstellmagazin das jeweils letzte Erkennungs-
bild auf den Kontrast untersucht wird und der Schwellwert
für die Messung des nächsten Bauelements optimiert werden
kann.
Damit konnte die Rate der irrtümlich als Ausschuß behandel-
ten Bauelementen auf 5% gesenkt werden.

Die Bestückung von Leiterplatten in kleinen Serien wird heute fast durchweg manuell durchgeführt und führt deshalb gleichzeitig zu hohen Lohnkosten und Fehlerraten. Durch den Einsatz flexibler Bestücksysteme mit Industrierobotern konnte bisher nur die automatische Bestückung von Sonderbauelementen bei mittleren und größeren Serien Eingang in die industrielle Anwendung finden. Bauelemente, die aufgrund ihrer geringen Stückzahl zu Sonderbauelementen werden, und Produktspektren mit einer großen Typen und Variantenzahl und kleinen Einzelstückzahlen bis hinunter zu Stückzahl 1 werden heute noch ausschließlich manuell bestückt. Einzelstücke wie Labormuster werden manuell bestückt und gelötet.

Wie eine Umfrage bei repräsentativ ausgewählten Leiterplattenherstellern ergab, scheiterten Automatisierungsvorhaben bisher an der zu großen Anzahl unterschiedlicher bereitzustellender Bauelemente und an der großen Typenzahl der Leiterplatten und damit an der großen Anzahl von Programmen, die erstellt, aktualisiert und verwaltet werden müssen.

Aufbauend auf dem Stand der Technik und der Analyse repräsentativer Produktspektren werden systematisch Anforderungen für hochflexible Bestücksysteme erarbeitet. Da technische Lösungen für das häufige Umrüsten von Industrieroboterbestücksystemen fehlen, werden alternative Konzepte für Teil- und Gesamtsysteme entwickelt und auf die Eignung für unterschiedliche Produktspektren untersucht.

Die Entwicklung einer typenneutralen Magazinform für konventionelle Bauelemente und eine automatisierte Routine zum Ermitteln der Greifpunkte der Bauelemente für den Industrieroboter ermöglichen eine einfache automatisierbare Umrüstung des Systems auf ein neues Bauteilspektrum.

Um den Einfluß des Rüstvorgangs auf die Taktzeit des Bestücksystems so gering wie möglich zu halten, wird auf eine exakte Erkennung des Greifpunktes verzichtet.
Es wird ein Verfahren entwickelt um sowohl die Greif- als auch eventuell auftretende Bauelementtoleranzen auszugleichen. Hierzu wird das gegriffene Bauelement während der Bewegung von der Bereitstellung zur Leiterplatte aus drei Richtungen optisch vermessen und aus den Bildern die dreidimensionale Stellung der Anschlußdrähte errechnet. Stimmt der Abstand der Anschlußdrahtenden mit dem Rastermaß der Leiterplatte überein, so wird eine für die Drahtstellung optimale Fügebewegung errechnet und das Bauelement mit beiden Anschlußdrähten gleichzeitig senkrecht von oben in die Leiterplatte bestückt. Ist der Abstand der Anschlußdrahtenden zueinander toleranzbehaftet, so wird der Greifer gekippt und die Anschlußdrähte werden sequentiell mit einer überlagerten Richtbewegung in die Leiterplatte gefügt. Der Kippwinkel des Greifers wird in Abhängigkeit vom Rastermaß der Anschlußdrahtdicke und des Bohrungsdurchmessers der Leiterplatte hergeleitet. Im weiteren werden die maximal ausgleichbaren Bauteiltoleranzen theoretisch ermittelt.
Das Verfahren wird durch umfangreiche Versuche bis zu einer technisch einsetzbaren Reife weiterentwickelt und optimiert. Durch spezielle Beleuchtungsfrequenzen und Filtertechniken werden die Umgebungslichteinflüsse eliminiert und durch einen Kraftmeßversuchsaufbau der Kippwinkel des Greifers und die Fügebewegung optimiert.
Mit einem realisierten Bestücksystem mit einem Handhabungsroboter, einem Bestückroboter und einer automatischen Programmgenerierung aus den CAD-Daten der Bauelemente und Leiterplatten werden die Konzepte, Verfahren und Werkzeuge auf ihre Machbarkeit hin untersucht und Produktionsdaten für den Betrieb von hochflexiblen Bestücksystemen gewonnen.

Durch den zunehmenden Einsatz von Elektronik auch in Bereichen, die heute noch der Mechanik vorbehalten sind, wird die Typen und Variantenzahl der elektronischen Baugruppen in Zukunft immer stärker zunehmen - ohne eine Zunahme der Einzelstückzahlen. Systeme, die einem solchen Produktspektrum gewachsen sind, werden somit mittelfristig zum Einsatz kommen.

9   <u>Literaturverzeichnis</u>

/1/ Abele, E.;   Studie zur Untersuchung der Einsatz-
     u.a.:   möglichkeiten von flexibel automati-
                      sierten Montagesystemen in der
                      industriellen Produktion.
                      Düsseldorf: VDI-Verlag, 1984

/2/ Abele, E.;   Einsatzmöglichkeiten flexibelautomati-
     Bäßler, R.;   sierter Montagesysteme.
     Wolf, E.:   In: VDI-Z 126 (1984) 13, S. 465-473

/3/ Abele, E.;   Neue Anwendungen von Montagerobotern
     Wolf, E.:   für elektrotechnische Produkte.
                      In: wt - Z.ind. Fertig. 75 (1985) 4,
                      S. 214-218

/4/ Warnecke, H.J.;   Robotic insertion of odd components
     Wolf, E.:   into printed circuit boards.
                      In: Assembly Automation 5 (1985) 4,
                      S. 198-201

/5/ Wolf, E.:   Bestücken von Leiterplatten mit
                      Industrierobotern. (IPA-IAO Forschung
                      und Praxis; 121).
                      Berlin : Springer, 1988.
                      Zugl. Stuttgart, Univ., Diss., 1988

/6/ DIN 19233   Automat, Automatisierung.
                      07.72

/7/ Leicht, T.;   PCB Assembly Systems 1989.
     Schraft, R.D.;   The International Directory of
     Wolf, E.:   SMT/Insertion Equipment.
                          Berlin: Springer, 1989

/8/ VDI 2860   Montage- und Handhabungstechnik:
     Bl. 1 E   Handhabungsfunktionen, Handhabungsein-
                          richtungen, Begriffe, Definitionen,
                          Symbole. Oktober 1982

/9/ Warnecke, H.J.;   Industrieroboter.
     Schraft, R.D.:   2. völlig neu bearb. Aufl.
                          Mainz: Krausskopf, 1979

/10/ N.N.   The AdeptOne (TM) Robot System
                          Dortmund: adept Technology Deutschland,
                          ca. 1987

/11/ Bosse, J.:   Flexible Montagesysteme mit Industrie-
                          robotern.
                          Puchheim: Robotechnik, 1983

/12/ Drexel, P.:   Bestücken von Leiterplatten mit
                          Industrierobotern,
                          In: VDI-Berichte Nr. 722, 1988

/13/ Kelm, L.:   CAD/CAM in der Elektronik.
                          In: Feinwerktechnik & Messtechnik
                          94 (1986) 8, S. 471-472

/14/ Jillek, W.:   CAD/CAM-Kopplung für die
                         Bestückung von Leiterplatten.
                         In: Feinwerktechnik & Meßtechnik
                         95 (1987) 2, S. 81-85

/15/ N.N.   Automatic mounting of 500 kinds
                         of parts on PCBs.
                         In: Metalworking. Engineering
                         and Marketing (1987) 7, S.44-47

/16/ Pütz, U.;   Flexible Baugruppenmontage in der
     Lücke, D.:   Elektronikfertigung.
                         In: ZwF 81 (1986) 8, S. 435-441

/17/ Clough, A.:   Telecom technology brings PCB
                         problems for Plessey.
                         In: Assembly Automation (1986) 11,
                         S. 182-185

/18/ N.N.   AIM (TM) Aplikationssoftware
                         Dortmund: adept Technology Deutschland,
                         ca. 1987

/19/ N.N.   Losgröße eins mit dem Roboter.
                         In: Flexible Automation (1978) 2,
                         S. 21-23

/20/ Schweizer, M.:   Entwicklung rechnergestützter Planungs-
                         verfahren für die Auslegung des Produk-
                         tionsbereiches Leiterplattenbestückung.
                         Deutsche Forschungsgemeinschaft
                         Schw 297/4-1, 1989

- 104 -

/21/ Schweizer, M.:   Taktile Sensoren für programmierbare
Handhabungsgeräte.
Mainz: Krausskopf, 1978.
Zugl. Stuttgart, Universität,
Diss. 1978.

/22/ Schraft, R.-D.:   Systematisches Auswählen und Konzi-
pieren von programmierbaren Hand-
habungsgeräten.
Mainz: Krausskopf, 1976.
Zugl. Stuttgart, Universität,
Diss. 1976.

/23/ Abele, E.:   Gußputzen mit sensorgeführten, program-
mierbaren Handhabungsgeräten.
Berlin: Springer, 1983.
Zugl. Stuttgart, Universität,
Diss. 1983.

/24/ Schlaich, G.:   Kabelbaummontage mit Industrie-
robotern.
Berlin: Springer 1988.
Zugl. Stuttgart, Universität,
Diss. 1988.

/25/ Domm, M.:   A Flexible Assembly Cell for PCBs.
In: Robot Vision and Sensory Control 1989,
IFS Publications 1989.
Stuttgart: 30.- 31. Mai, S. 41-51

/26/ Warnecke, H.J.;   Assembly by Industrial Robots with
Domm, M.:   CAD/CAM and Vision Control Periphery.
In: CIRP Annals 1989, vol. 38/1, S. 41-44

/27/ Schweizer, M.;   Fügen von Crimpkontakten mit Industrie-
     Domm, M.;   roboter unter Zuhilfenahme eines
     Gweon, D.G.:   Bildverarbeitungssystems.
                        In: Robotersysteme (1987) 3, S. 83-88

/28/ Driscoll, W. G.; Handbook of Optics.
     Vaughan, W.:   New York: McGraw-Hill, 1978.

/29/ Albrecht, H. u.a.: Optische Strahlungsquellen.
                        (Kontakt + Studium 15).
                        Grafenau: Lexika-Verlag, 1977

/30/ Schröder, G.:   Technische Optik.
                        6., überarb. u. erg. Aufl.
                        Würzburg: Vogel, 1987

/31/ N.N.   PULNiX TM-540/560 Miniature CCD Camera
                        Datenblatt, Sunnyvale, California: PULNiX
                        America, Inc., o.J.

/32/ Wiegleb, G.:   Sensortechnik, Übersicht, Applikation,
                        Anwendungen.
                        München: Franzis, 1986

/33/ N.N.   LED Anzeigen, Displays.
                        Lieferprogramm 1987, Siemens,
                        Best-Nr. B3-B3578
                        Deutschland 1987

/34/ Naumann, H.:   Bauelemente der Optik: Taschenbuch der
                        technischen Optik, 5. Aufl.
                        München: Hanser, 1987

/35/ N.N.   Optics Guide 4.
                            Irvine, California: Melles Griot, 1988

/36/ Schraft, R.D.;   Integration of an assembly robot in
     Spingler, J.C.;   a flexible automated CIM-Factory.
     Domm, M.:   In: 9th International Conference on
                            Assembly Automation, 15.-17.3.1988,
                            London, UK. Kempston: IFS-Publ.,
                            S. 117-127

/37/ Domm, M.:   Stückzahl 1 bei der Mischbestückung
                            von Leiterplatten in einer rüstfle-
                            xiblen Robotermontagezelle.
                            In: SMT/ASIC 1989.
                            Heidelberg: Hüthig, 1989.

/38/ Gruhler, G.   Produktorientierte Programmierung von
     Wieland, E.   Montagerobotern.
                            In: Feinwerktechnik & Meßtechnik 97
                            (1989) 4, S. 167-170

/39/ Feldmann, K.   Flexible Bestücksysteme für Leiterplatten.
     Schlüter, K.   In: CAT '87.
                            Stuttgart: Stuttgarter Messe- und Kongreß-
                            gesellschaft, 1987, S. 161-164

IPA Forschung und Praxis

Schriftenreihe aus dem Institut für Produktionstechnik und Automatisierung, Stuttgart

Herausgeber: Prof. Dr.-Ing. H. J. Warnecke

Datenerfassung im Produktionsbereich
Von E. Bendeich. ISBN 3-7830-0117-8.
1977, 176 Seiten, kartoniert. — 54,— DM

Methodenauswahl für die Materialbewirtschaftung in Maschinenbau-Betrieben
Von H. Graf. ISBN 3-7830-0136-6.
1977, 144 Seiten, kartoniert. — 54,— DM

Systematische Auswahl von Förderhilfsmitteln für den innerbetrieblichen Materialfluß
Von W. Rau. ISBN 3-7830-0139-0
1977, 103 Seiten, kartoniert. — 40,— DM

Grundlagen zur Planung von Ersatzteilfertigungen
Von E. Schulz. ISBN 3-7830-0138-2.
1977, 98 Seiten, kartoniert. — 40,— DM

Rechnerunterstützte Fabrikplanung
Von B. Minten. ISBN 3-7830-0116-1.
1977, 124 Seiten, kartoniert. — 38,— DM

Eine Planungsmethode für automatische Montagesysteme
Von H.-G. Lohr. ISBN 3-7830-0120-X
1977, 108 Seiten, kartoniert — 32,— DM

Planung und Bewertung von Arbeitssystemen in der Montage
Von H. Metzger. ISBN 3-7830-0131-5.
1977, 108 Seiten, kartoniert. — 40,— DM

Klassifizierungssystem für Prüfmittel der industriellen Längenprüftechnik
Von R. Czetto. ISBN 3-7830-0144-7
1978, 181 Seiten, kartoniert. — 64,— DM

Rechnerunterstützte Montageplanung
Von O. Hirschbach. ISBN 3-7830-0149-8.
1978, 146 Seiten, kartoniert — 52,— DM

Rechnerunterstützte Entwicklung von Simulationsmodellen für Unternehmensplanspiele
Von A. Moker ISBN 3-7830-0147-1
1978, 181 Seiten, kartoniert — 64,— DM

Arbeitsplatzanalysen zur Ermittlung der Einsatzmöglichkeiten und Anforderungen an Industrieroboter
Von G. Herrmann. ISBN 37830-0151-X.
1978, 113 Seiten, kartoniert. — 40,— DM

MFSP — Ein Verfahren zur Simulation komplexer Materialflußsysteme
Von G. Stemmer. ISBN 3-7830-0118-8
1977, 140 Seiten, kartoniert. — 60,— DM

Berührungslose Erkennung durch Positionsbestimmung von Objekten durch inkohärent-optische Korrelation
Von M. Konig. ISBN 3-7830-0137-4.
1977, 110 Seiten, kartoniert — 40,— DM

Auslegung von Störungspuffern in kapitalintensiven Fertigungslinien
Von R. v. Stetten ISBN 3-7830-0140-4.
1977, 154 Seiten, kartoniert — 56,— DM

Flexible Transportablaufsteuerung
Von G. Romer. ISBN 3-7830-0114-5.
1977, 188 Seiten, kartoniert. — 60,— DM

Rechnergestützte Realplanung von Fabrikanlagen
Von T.-K. Sauter. ISBN 3-7830-0119-6.
1977, 108 Seiten, kartoniert — 32,— DM

Systematisches Auswählen und Konzipieren von programmierbaren Handhabungsgeräten
Von R. D. Schraft. ISBN 3-7830-0115-3
1977, 108 Seiten, kartoniert — 32,— DM

Auslandsproduktion
Von W. Cypris. ISBN 3-7830-0145-5
1978, 126 Seiten, kartoniert — 42,— DM

Wirtschaftlicher Einsatz von Mehrkoordinatenmeßgeräten
Von M. Dietzsch ISBN 3-7830-0148-X.
1978, 142 Seiten, kartoniert. — 52,— DM

Fertigungssteuerung bei flexiblen Arbeitsstrukturen
Von K.-G. Lederer. ISBN 3-7830-0146-3
1978, 128 Seiten, kartoniert — 42,— DM

Untersuchungen zum Polieren und Entgraten durch elektrochemisches Oberflächenabtragen
Von K. Zerweck ISBN 3-7830-0150-1
1978, 110 Seiten, kartoniert. — 40,— DM

Stufenweise Ableitung eines praktischen Planungssystems für den Entwicklungsbereich
Von R Hichert ISBN 3-7830-0149-8
1978, 151 Seiten, kartoniert — 52.- DM

Produktionsplanung mit Auftragsfamilien
Von U W Geitner ISBN 3-7830-0161 7
1979, 110 Seiten, kartoniert — 45. DM

Thermisch-chemisches Entgraten
Von T Wagner ISBN 3-7830-0164-1
1979, 111 Seiten, kartoniert — 45.- DM

Untersuchung der Materialflußkosten bei ausgewählten Systemen der Zentralen Arbeitsverteilung
Von R Wenzel ISBN 3-7830-0162-5
1979, 168 Seiten, kartoniert — 86.- DM

Anpassung und Einführung eines Planungssystems für die Ablaufplanung im Konstruktionsbereich
Von W Dangelmaier ISBN 3-7830-0163-3
1979, 168 Seiten, kartoniert — 80. DM

Längenmessungen an bewegten Teilen mit berührungslos wirkenden Aufnehmern
Von H Lang ISBN 3-7830-0157-9
1979, 89 Seiten, kartoniert . — 42. DM

Untersuchung multistabiler Strömungselemente und ihr Einsatz in sequentiellen Steuerungen
Von A Ernst ISBN 3-7830-0157-9
1979, 122 Seiten, kartoniert — 48.-- DM

Taktile Sensoren für programmierbare Handhabungsgeräte
Von M Schweizer ISBN 3-7830-0158-7
1979, 91 Seiten, kartoniert — 42.- DM

Die rechnerunterstützte Prüfplanung
Von P Blasing ISBN 3-7830-0152-8
1979, 100 Seiten, kartoniert — 44.-- DM

Verfahren zur Fabrikplanung im Mensch-Rechner-Dialog am Bildschirm
Von W Ernst ISBN 3-7830-0156-0
1979, 218 Seiten, kartoniert — 72.- DM

Rechnerunterstütztes Verfahren zur Leistungsabstimmung von Mehrmodell-Montagesystemen
Von M Gorke ISBN 3-7830-0155-2
1979, 139 Seiten, kartoniert — 50. - DM

Standortbezogene Betriebsmittel
Von G Pflieger ISBN 3-7830-0167-6
1979, 127 Seiten, kartoniert — 52 - DM

Die betriebswirtschaftliche Beurteilung neuer Arbeitsformen
Von B -H Zippe ISBN 3-7830-0168-4
1979, 350 Seiten, kartoniert — 98.- DM

Untersuchung des Arbeitsverhaltens programmierbarer Handhabungsgeräte
Von B Brodbeck ISBN 3-7830-0169-2
1979, 117 Seiten, kartoniert — 48.- DM

Untersuchung eines kohärent-optischen Verfahrens zur Rauheitsmessung
Von N Rau ISBN 3-7830-0174-9
1979, 117 Seiten, kartoniert . — 48.- DM

Entwicklung einer programmierbaren, pneumatischen Steuerung
Von D Klemenz ISBN 3-7830-0171-4
1979, 93 Seiten, kartoniert — 42.-- DM

IPA Forschung und Praxis

Berichte aus dem Fraunhofer-Institut für Produktionstechnik und Automatisierung, Stuttgart, und dem Institut für Industrielle Fertigung und Fabrikbetrieb der Universität Stuttgart

Herausgeber: Prof. Dr.-Ing. H. J. Warnecke

IPA-IAO Forschung und Praxis

Berichte aus dem Fraunhofer-Institut für Produktionstechnik und Automatisierung (IPA), Stuttgart, Fraunhofer-Institut für Arbeitswirtschaft und Organisation (IAO), Stuttgart, und Institut für Industrielle Fertigung und Fabrikbetrieb der Universität Stuttgart

Herausgeber: Prof. Dr.-Ing. H. J. Warnecke und Prof. Dr.-Ing. H.-J. Bullinger

---

Die Bände sind im Erscheinungsjahr und in den folgenden drei Kalenderjahren zu beziehen durch den örtlichen Buchhandel oder durch Lange & Springer, Otto-Suhr-Allee 26-28, 1000 Berlin 10.